哈洛新知
Hello Knowledge

知识就是力量

神秘的动物王国

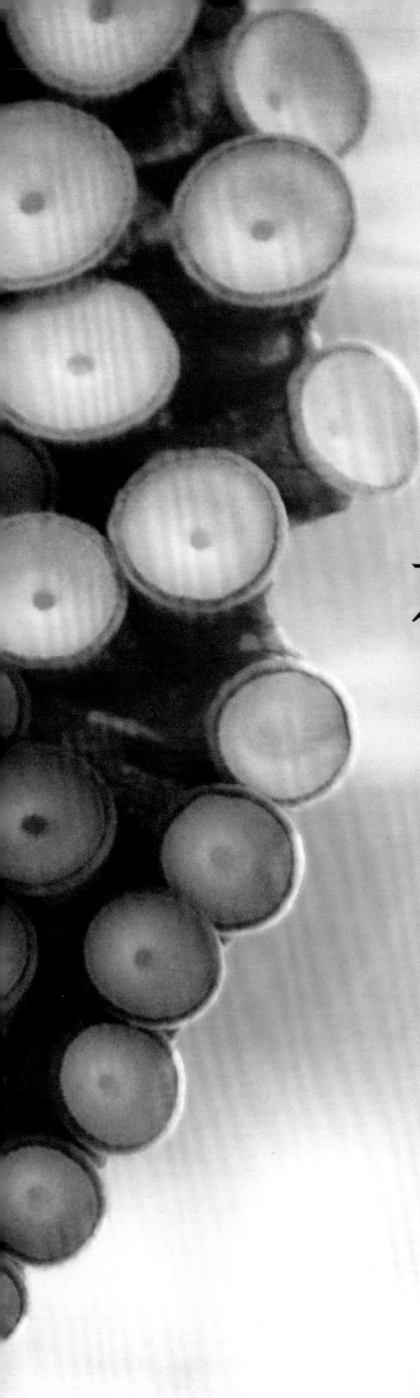

神秘的动物王国

奇妙的动物世界探寻指南

[英] 玛丽安娜·泰勒 著

宗哲 译

華中科技大學出版社
http://www.hustp.com
中国·武汉

神秘的动物王国
Shenmi de Dongwu Wangguo

［英］玛丽安娜·泰勒 著
宗 哲 译

图书在版编目（CIP）数据

神秘的动物王国 /（英）玛丽安娜·泰勒（Marianne Taylor）著；宗哲译．—武汉：华中科技大学出版社，2022. 10
（万物探索家）
ISBN 978-7-5680-8607-3

Ⅰ．①神… Ⅱ．①玛… ②宗… Ⅲ．①动物－普及读物 Ⅳ．① Q95-49

中国版本图书馆 CIP 数据核字（2022）第 154759 号

湖北省版权局著作权合同登记 图字：17-2022-108 号

策划编辑：杨玉斌
责任编辑：张瑞芳　　装帧设计：陈 露
责任校对：阮 敏　　责任监印：朱 玢

出版发行：华中科技大学出版社（中国·武汉）　电话：（027）81321913
武汉市东湖新技术开发区华工科技园　邮编：430223

录 排：华中科技大学惠友文印中心
印 刷：湖北金港彩印有限公司
开 本：880 mm × 1230 mm 1/16
印 张：12
字 数：384 千字
版 次：2022 年 10 月第 1 版第 1 次印刷
定 价：168.00 元

目录

//引言

如果让我们构想一只动物，我们会想到什么？十有八九，这只动物会具备四肢，它的皮肤上覆有毛发，摸起来很温暖；它会有双眼、双耳、一只鼻子和一张嘴巴。它可能具有内部骨骼，骨骼和肌肉相互连接，一起保护体内大量复杂的器官。总之，它是一只类同于我们人类的动物。然而，我们以及其他同纲的哺乳动物只占世界所有动物物种的很小一部分。即使上升到脊椎动物门，相较无脊椎动物而言，我们仍然势单力薄。无脊椎动物的分化之诡奇，实在令人叹为观止。

地球上第一批动物是在海洋中进化出来的，其中的大部分仍存活在地球上。陆生绿植能够利用光合作用捕获太阳能，海洋同样也是一个大型的光合作用工厂，只不过海洋工厂中的大部分“工人”并非同绿植一样扎根于地下，而是以微小的、自由漂浮的浮游生物，即浮游植物和浮游动物的生命形式存在。从根本上来说，地球上的动物都是靠光合作用系统维持生命的，进化使得所有动物都能够以有机物为食。同时，有些动物也会是其他动物的食物，在它们死去之后，其体内主要的化学物质也会由光合作用系统回收。

摄食是生命的基础，不同的摄食方式决定了动物不同的体型。在海洋中，有很大一部分动物广泛摄取散布在开阔水域的食物，包括海绵、形如精致花朵的有柄海百合以及珊瑚等营固着生活的动物，以及姥鲨和蓝鲸这些在海洋中漫游的大型动物等。在陆地上，植食性动物不仅包括有蹄动物群落，还包括蝗虫群和饥饿的毛虫大军。在我们的印象中，捕食者以捕猎和杀戮其他动物为本能，很有可能身形敏捷、目光凌厉、牙尖齿利，这些描述可以形容狼蛛，也可以形容狼；可以形容虎甲，也可以形容老虎。

动物不过是大千世界中的一种生命形式。植物并不依赖于动物存在，反过来，动物离开植物却无法存活。然而，动物进化成了所有生命形式中最活跃、最多样化、最爱冒险、最为复杂的一种；动物世界如此迷人、美丽、令人敬畏，凡此种种，并不是人类作为动物的自卖自夸。

在我们的星球上，凡是视线所及之处，皆能发现动物的身影。我们同样会注意到，不同的动物和其他生物一起形成不同的群落，而这些群落之间有着不同的相互联系。我们将地球上所有生物之间的相互联系叫作生态，把一定空间中的

下图 地球大多数海域中都有大白鲨的身影。成年大白鲨可重达1100千克。

下页上图 非洲象形成一个以雌象为首领的大家族。图中象群栖息于博茨瓦纳奥科万戈河三角洲。

生物群落及其非生命环境叫作生态系统。由于所处地域各异，不同的生态系统可能庞大复杂，也可能相对简单。在丰茂的雨林中，每平方米的土地上可能都生存着上百种不同的植物，这种巨大的生态系统，其联系网的复杂程度不可估量。在北极冻原地区，生态系统相对简单——只有寥寥几种苔藓和青草作为旅鼠的食物，也只有为数不多的雪鸮捕食这些旅鼠。

本书会介绍多种多样的动物。经过数亿年的发展，动物的进化系统树上生发出不计其数的分支。比如说，我们都知道我们人类是类人猿的一个分支，而类人猿则含有猴的血统。向前回溯，在某个时间点，猴是从狐猴的一个分支里分离出来的。继续回溯，我们将会寻找到现存所有灵长类动物的共同祖先。动物进化系统树上的某些分支变化剧烈，随着时间的推移，这些分支衍生出比其他分支更多的后代。不过，我们知道，现存的动物都进行了同等的“高度进化”，因为每种动物都有一个完整的进化谱系，可追溯到其起源。

给动物分类的方式之一是研究进化史，另一种方式是观察动物在生态系统中的位置。它在生态系统中扮演怎样的角色？它依赖于什么存在？什么依赖于它存在？蜜蜂需要花朵提供花蜜，而花朵同样需要蜜蜂为其传粉。捕食者以捕杀猎物为生，但捕食的行为同样有助于优化猎物群落，让猎物在面对生活中的其他灾害时能更好地活下去。本书在研究现有的动物进化系统树和动物未来的进化方向的同时，也会研究现存动物在地球生态系统中的作用。

下方上图 一只达摩凤蝶进入变态发育的最后阶段，而它的茧几乎完好无损。

下方下图 一群狗爪螺在低潮时暴露于空气中。和藤壶不同，它们需要依靠水流运动才能够成功摄食。

动物进化

如今，地球上栖居着多种多样的动物，它们都是由进化演变而来的。生物界的普遍进化是不可避免的，但即使如此，进化仍然堪称奇迹。进化使得动物能够适应不同的自然环境，并且进化过程还在继续。

在伊莎贝拉岛，一只沃尔夫火山象龟生活在沃尔夫火山崎岖的山坡上。由于早期探险者将动物从一座岛屿带到另一座岛屿，人们在群岛中的不同岛屿上发现了多种杂交龟种，不同龟种的龟壳花纹有差别。

// 地球和太阳系的起源

我们认为宇宙大约诞生于137.5亿年前。这个结论是怎样得出的呢？人类发明了天文望远镜，它能让我们的视线穿越银河系，我们因此发现了许多其他星系的存在。我们同样发现，我们能看到的所有星系都在运动中彼此远离——这就是宇宙随着时间的推移在膨胀的证据。通过观察宇宙膨胀的速度，我们可以倒推膨胀过程，由此得到一个初始时间，那时候所有组成如今恒星和行星的物质不过是一个浓缩的点。

在宇宙形成之初的几毫秒里，宇宙十分炙热，且向各个方向飞速膨胀。这个过程有时被称为“宇宙大爆炸”，不过某些科学家认为，为了更好地描述这个过程，应该将之称为“宇宙大延伸”——它是一个极速膨胀的过程，而不是一场混乱无序的爆炸。宇宙形成的具体原因和过程尚未可知，我们可能永远都找不到答案。不过，正在发生并将持续发生于（不断膨胀并急速冷却的）宇宙中物质上的事情，相对会（稍微）容易理解。随着时间的推移，最小的基本粒子逐渐聚集形成原子，在引力作用下，原子聚集在一起形成气体云，当气体云被引力吸引时，它会变成一个旋转的圆盘。在引力的中心会形成恒星，其余的物质围绕恒星旋转（绕轨旋转），通过引力作用，这些物质可能会聚合成行星（或者它们的卫星）。

我们的母恒星是太阳。它是一个由等离子体组成的球体，散发出大量光和热。已知有8颗行星绕日运行，200多颗卫星环绕这些行星运行（仅环绕土星运行的卫星就有82颗），还有数不胜数的较小天体（如小行星、彗星等）环绕太阳运行。离太阳较近的行星（水星、金星、地球和火星）体积较

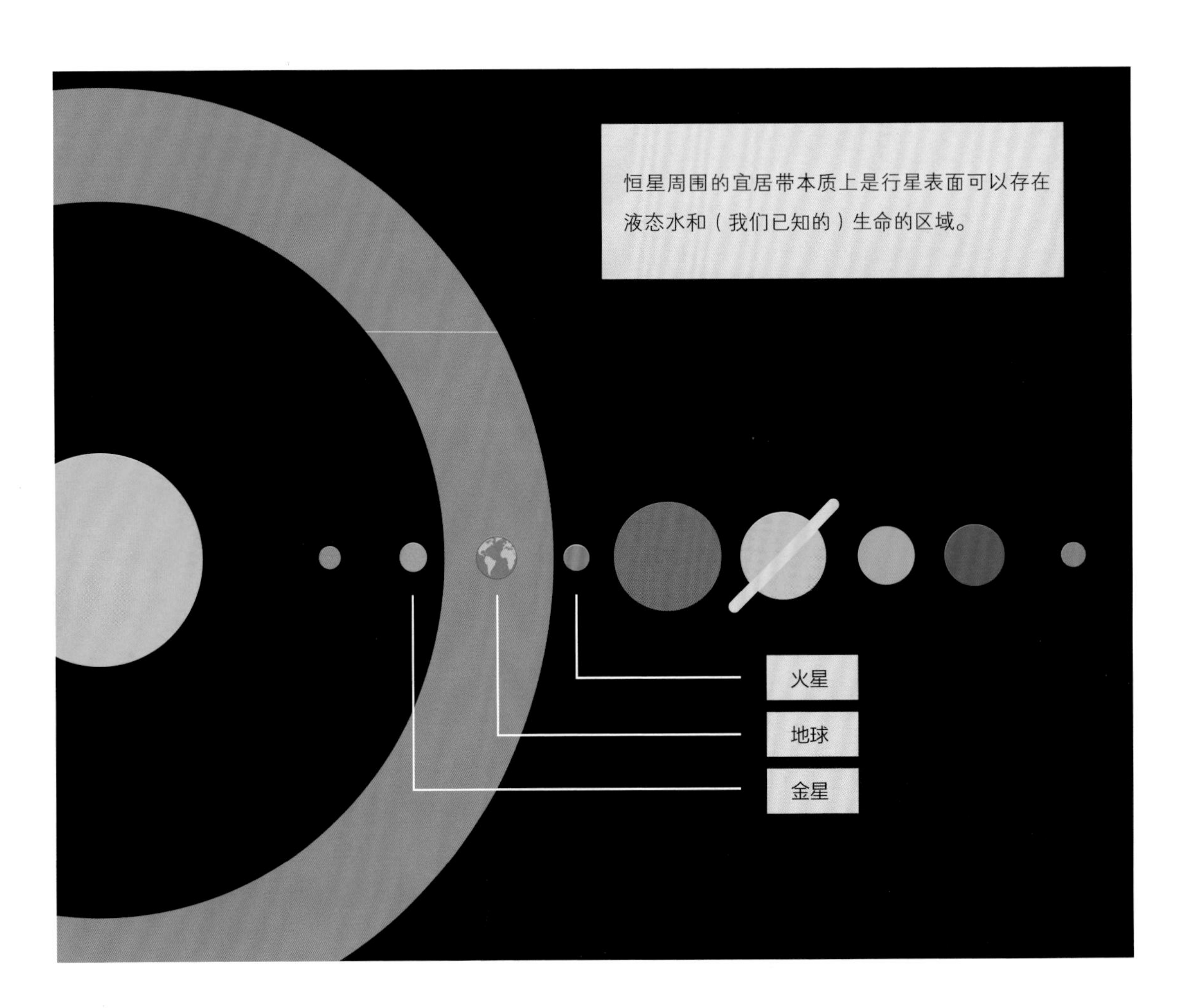

右图 在我们所处的太阳系生命周期的这个时间点上，地球正安稳地处在宜居带（图中蓝环所示的位置）内，但随着时间的推移和太阳的运动变化，这个区域会向外移动，笼罩其他行星。

右图 生命可能起源于温暖的浅水，目前，这类生境的生物多样性仍然极其丰富。

下图 该星云与地球相距900光年，是由气体分子组成的云团，很可能是大质量恒星（超新星）爆炸后的遗迹。新的星系就是由大量的这种星际“尘埃”组成的。

小，由岩石组成，而距离太阳较远的行星（木星、土星、天王星和海王星）体积较大，是气态行星。地球在离太阳约 1.496×10^{8} 千米的轨道上运动。地心引力吸引大气层环绕在其周围。如果没有大气层，地表平均温度将会在 -18℃左右。不过，大气层吸收了足够多的太阳辐射，使地表平均温度保持在了 14℃左右。

其他星球上存在生命吗？

在太阳系中，地球是唯一一个已知的存在生命的星球，科学家认为其原因在于，地球的温度允许液态水存在，而所有已知的生物都依赖液态水生存。不过，毫无疑问的是，在我们的银河系内外还存在其他类似太阳系的天体系统。天文学家预测，仅银河系中便可能包含多达400亿颗类地行星。故而，宇宙其他地方存在生命的可能性还是很大的。

// 地球生命时间线

地球形成于约45.4亿年前，其年龄大约是宇宙年龄的三分之一。新生的地球危机四伏、动荡不安。地球引力吸引着其他围绕太阳运行的较小物体，导致的碰撞引发了剧烈的火山活动。最大的一次碰撞是地球与火星大小的天体忒伊亚的碰撞，这次碰撞产生的碎片进入地球轨道，最终形成了目前已知的地球唯一的卫星月球。

随着时间的推移，地球冷却下来，其熔岩表面凝固成坚实的地壳。火山喷发释放出各种各样的气体，最终形成了地球原始大气层。此时的大气层中几乎没有氧气，主要由二氧化碳和一些氮气、甲烷、氨气、氢气、水蒸气组成。当地球表面冷却到一定程度时，水蒸气凝结，形成降雨，并在地壳上形成河流和海洋。最初的生命形式（微生物）是在这些水域进化出来的。这些简单的类似细菌的微生物能够进行光合作用，它们利用二氧化碳、水和阳光来合成葡萄糖。葡萄糖

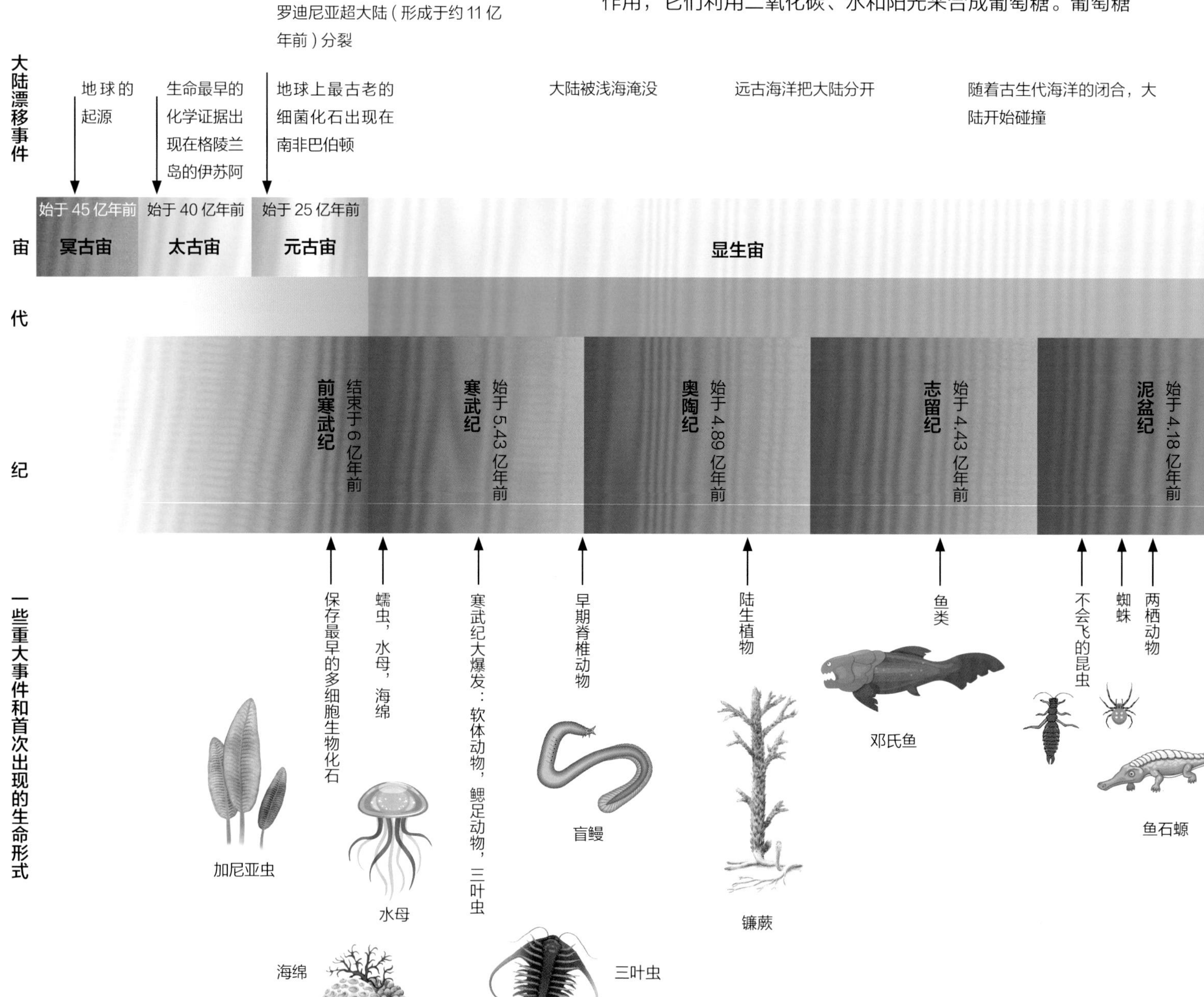

是一种单糖，是几乎所有生物的关键能源。光合作用的过程以副产物的形式释放氧气。

多亏了这些微生物，氧气在地球大气层中积累起来。分解葡萄糖以释放能量的过程可以通过有氧呼吸或无氧呼吸完成。在光合作用发生之前，几乎所有的呼吸都是厌氧的。然而，由于有氧呼吸是一个更有效的过程，第一批可以利用氧气进行呼吸的简单生物体开始繁殖，并在竞争中战胜了它们进行无氧呼吸的“表亲”。这是地球上耗氧生命暴发的导火索，使复杂的生命形式得以进化。

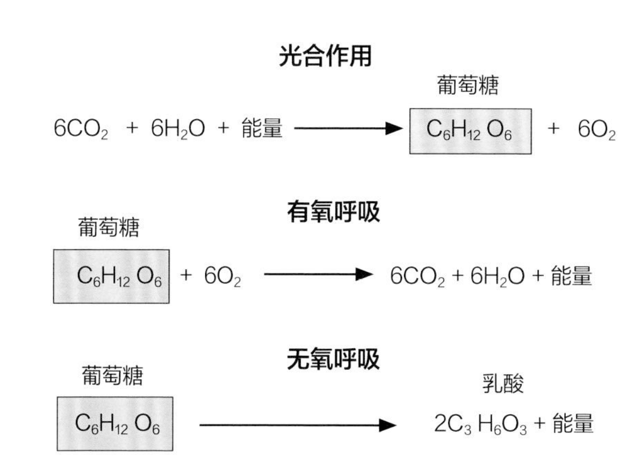

“前泛大陆”形成

泛大陆开始形成

泛大陆分裂为南部的冈瓦纳古大陆和北部的劳亚古大陆

大陆分裂为可辨认的现代大陆

大陆漂移到现在的位置

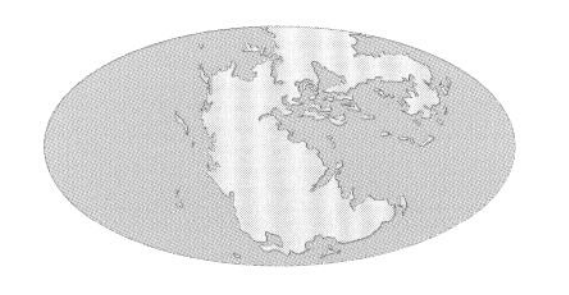

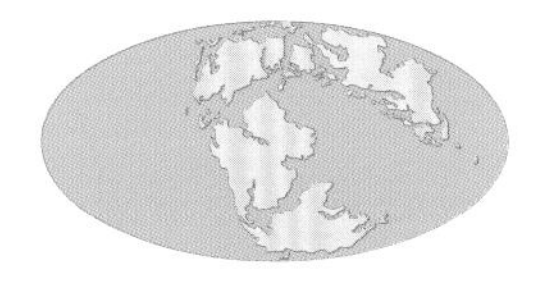

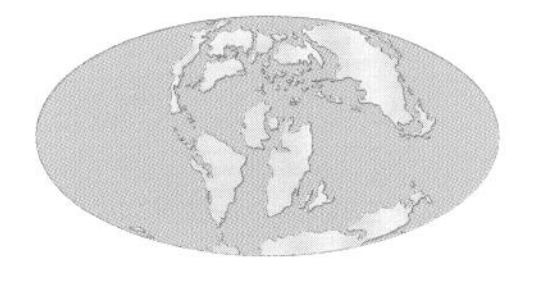

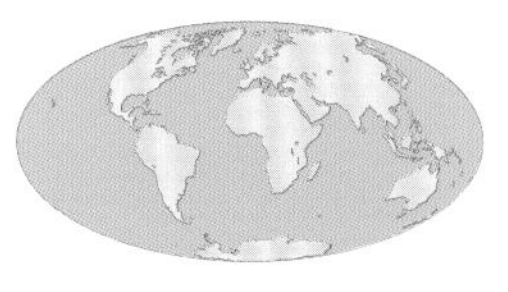

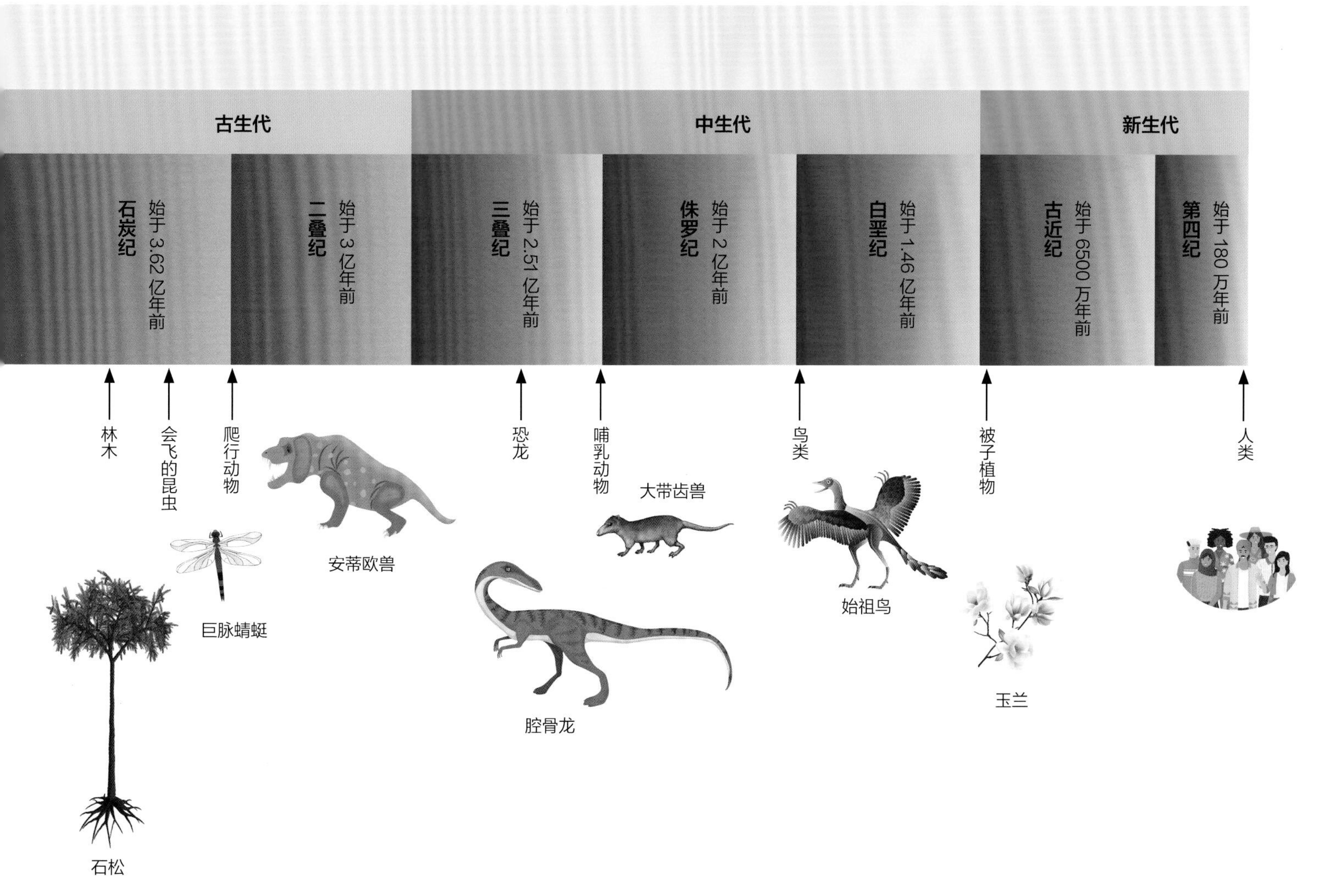

// 生命的起源

对科学家来说，世界上最大的谜团之一即生命的起源，或者说生命的本质。为什么我们不能让死去的动物复活，哪怕它体内的所有系统都还在原位？复活生命所需的“生命之火”难以捉摸，而且确实近乎神秘。生命是如何从非生命物质中出现的？

由于着眼点不同，我们对“活着”的理解确实会发生改变。我们所熟悉的所有动物似乎都是“活着”的——我们可以看到它们呼吸、移动、摄食、繁衍后代，最终走向死亡。但是，以同样的标准，我们能否认为动物体内的单个器官或单个细胞也是“活着”的呢？那么其他生物呢？在植物、蘑菇或细菌中看到同样的生命迹象并不容易，那么在病毒中呢？

如今，生物学家认识到一个实体要被视为活体，必须具备某些明显特征。使用最广泛的几个特征如下：

（1）可以以某种方式对环境做出反应；

（2）可以以某种方式生长和变化；

（3）可以实现繁殖；

（4）具有新陈代谢功能（例如可以呼吸），可合成和分解分子；

（5）可以维持内部环境的稳定（体内平衡）；

（6）可以通过基因遗传把自己的特征传给后代。

动物、植物、蘑菇，甚至细菌都会显示出这几种特征。不过，病毒既不生长也没有细胞结构，因此不能完全被称为活体。

观察病毒的结构可以帮助我们想象地球上的早期生命（或原始生命）可能是什么样子。最简单的病毒由蛋白质外壳和其中的一些 RNA（核糖核酸，一种可以自我复制并告诉细胞如何制造蛋白质的分子）组成。是否有这种可能：RNA 链处于自由状态，能够自我复制，并且几乎是“活着”的？它们的组成部分——由碳、氢、氧、氮等组成的简单分子，就是核酸。实验室研究表明，通过向富含溶解的氨、甲烷和二氧化碳的水（就像地球上最初的海水一样）提供大量能量，我们可以制造出核酸。这种能量可能来自太阳发出的紫外线辐射。

许多科学家都认为，这种“RNA 世界”的情形很可能就是生命最初出现的方式。最简单的现代生物为原核生物。它们具有一个在（由脂肪和蛋白质构成的）膜内缠结的

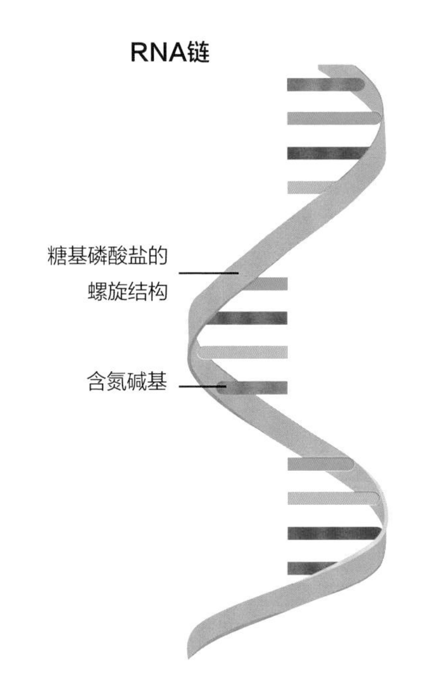

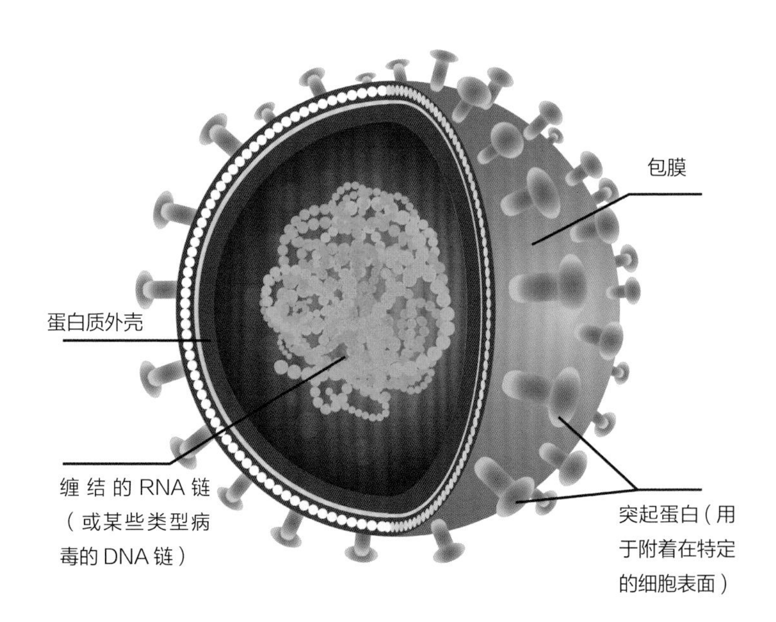

DNA（脱氧核糖核酸）环。具有复杂细胞类型的生物（无论是单细胞生物还是多细胞生物）为真核生物。真核细胞比典型的原核细胞大得多。真核生物的 DNA 存在于独立的由膜包围的细胞器中，每一个细胞器都有自己的功能。真核生物最初可能是在较大的原核生物吞噬较小的原核生物时进化出来的。线粒体——在真核细胞中发现的能产生能量的结构，与自由生存的细菌非常相似，线粒体有自己的 DNA，但线粒体 DNA 与核 DNA 不同。

上图 动物知道生与死的区别，人类并不是唯一会对永远失去伴侣感到悲伤的动物。

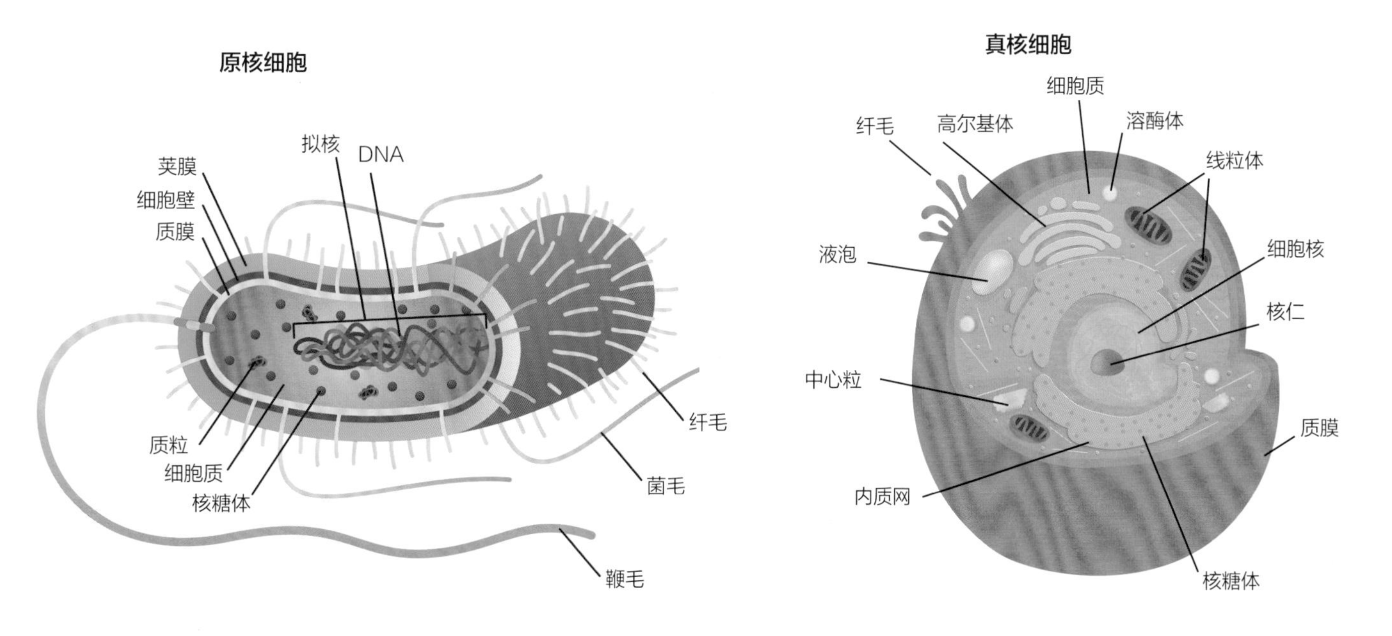

// 进化是如何发生的

想象一下，你是一只生活在撒哈拉沙漠的耳廓狐。你是致命的昆虫捕食者，偶尔也会捕食蜥蜴。为了找到并捕捉你的猎物，你需要敏锐的感官（你的大耳朵不仅仅是用来装饰的）和潜行的技能。然而，你也可能成为猎物，而不是捕食者。为了躲避捕食者，你需要机警和速度。如果你有出色的沙色伪装和一流的肾脏来应对沙漠生活，这将对你大有帮助。你的大耳朵也可以帮助你保持凉爽。如果你想要哺育后代，你必须足够健康以吸引和留住伴侣，你必须拥有足够的养育能力，成为一个足够好的养育者以照顾你的后代，这样它们才能活到成年。如果你拥有所有这些特质，你可能会活得很长，并繁殖许多后代。

很容易看出，在自然环境中生存技能良好的动物比生存技能欠佳的动物存活的时间更长。此外，繁殖成功需要足够长的生命周期、很多繁殖机会，也需要个体在特定的繁殖方式中发挥积极作用。举个例子，那些适应能力较差的猴寿命较短，后代也就较少。这就是自然选择的过程，或者说“适者生存”。

自然选择说假定，一个种群中的所有动物彼此至少有一点不同，事实确实如此。大部分不同点从生命的开始就存在了，是因遗传变异造成的。动物不仅从它们的父母那里继承了不同的基因组合，而且基因还可以自发地发生改变（基因突变）。由于自然选择对遗传变异起作用，所以新的一代都是前一代非随机样本的后代，也就是“最好”的后代。

然而，经过几代这样的繁殖，我们最终一定会得到更好的耳廓狐吗？让我们尝试进一步的思想实验。让我们把撒哈拉沙漠中进化出来的一半的耳廓狐分配到其他栖息地。有些

右图 耳廓狐有一身沙色的毛，可以与沙漠栖息地融为一体，它的大耳朵可以帮助它降温，也可以让它听到微弱的声音。

上图 在工业污染使墙壁和树干变黑的环境中，深色或黑色斑蛾变种的数量远远超过淡色变种。

下图 适应辐射：大约230万年前，一种唐纳雀到达了科隆群岛，在那里，经过许多代的繁衍，它们进化为许多不同的物种（加拉帕戈斯雀），拥有各种形状的喙，用来吃各种各样的食物。

被分配到雪山，有些被分配到深邃的雨林。我们会把它们留在那里几十万年，然后再让它们回来。我们会发现什么？使这些动物完美适应沙漠生活的特征不再有利，而其他特征受到青睐。例如，在雪山上，毛最厚、最白，耳朵最小的耳廓狐存活率可能最高，并将这些特征世代相传。在雨林里，被毛越薄越黑可能越好，良好的肾功能已经变得多余。与此同时，生活在撒哈拉沙漠中的耳廓狐仍然很好地适应了沙漠生活。我们现在有三种非常不同且独特的耳廓狐，它们在外观、解剖结构和行为方面都不同，如果我们再次将它们聚集起来，它们甚至可能认不出彼此是亲缘种。

现在，把这个过程延伸几百万年，用缓慢但对整个地球环境影响深远的变化取代人为干预（实际上，这些变化可能会在我们的研究对象有机会适应之前导致它们死亡）。这个场景是为了进化而设置的，地球用它的一生，产出我们今天看到的奇妙而多样的生物。

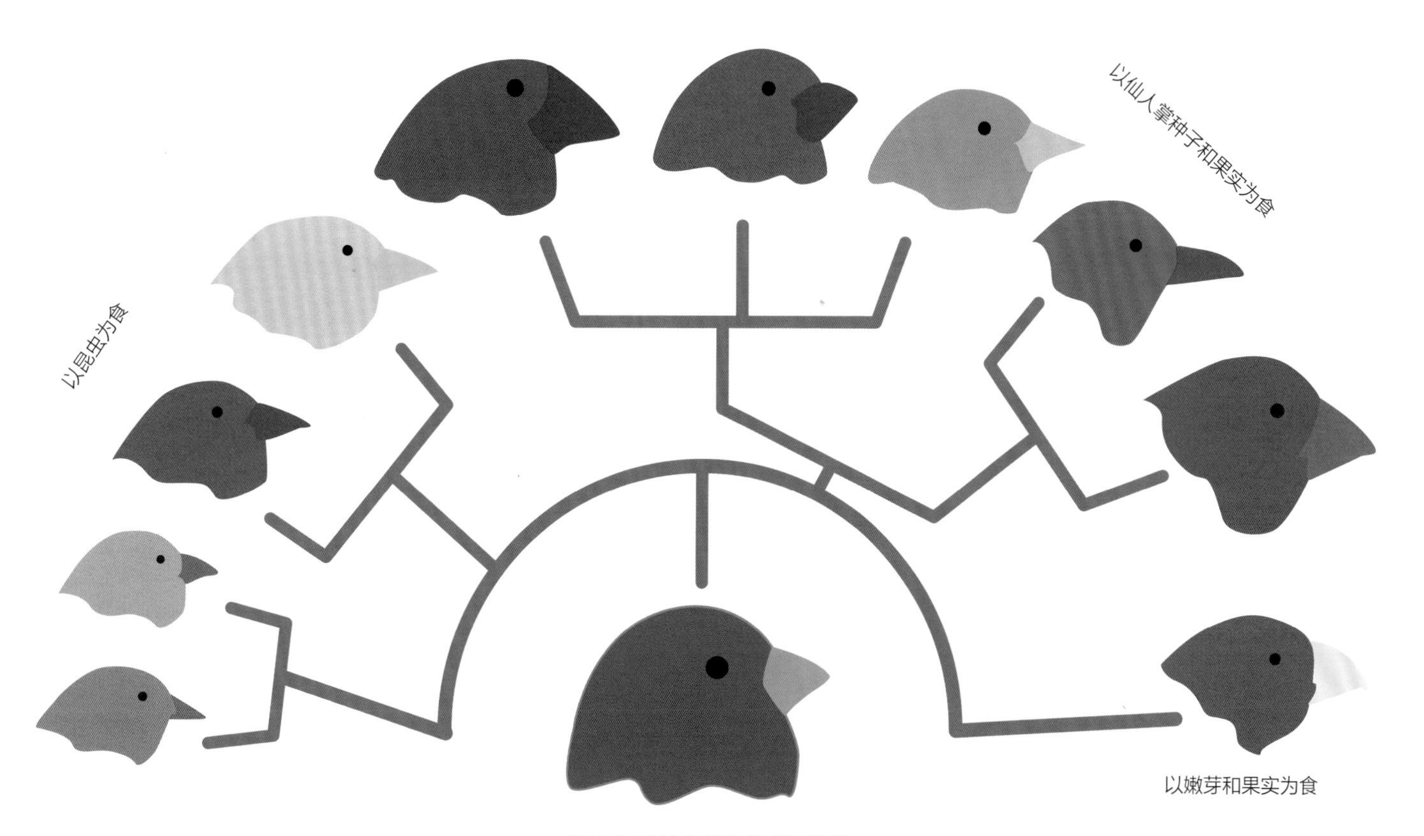

// 地球上最初的动物

地球上，无可争议的最早的生命迹象可以追溯到约 35 亿年前——大约是地球形成 10 亿年后。然而，一些更古老的化石也表明了更早的简单生命存在的可能——如果事实如此，在地球还不到 5 亿岁的时候，类似细菌的生物体就已经存在了。

在地球存在的一半以上的时间里，只有这些非常简单的类似细菌的生命形式。第一个复杂的单细胞生命形式出现在 20 亿年前，多细胞生命形式起源于 21 亿年前。最早出现的真正的动物只有 9 亿年左右的历史。

当我们想到“动物”时，我们可能会想到猫、狗、马——它们和我们人类都被分在“动物”这一类别下。但是我们和其他同类的哺乳动物只占动物界的一小部分。即使我们把所有其他脊椎动物（包括鸟类、爬行动物、两栖动物、鱼类等）都算进去，我们仍然只看到了 5% 的动物，而这 5% 还是新近产生的。地球上最早的动物类似于现代的海绵和栉水母，海绵的活动范围延伸到海底，看起来就像植物，而栉水母没有固定形状，身体柔软、半透明，看起来更像是漂浮的鼻涕团，而不是动物。这些动物不像我们一样拥有明显的身体部位，而是类似于合作的细胞群。然而，它们隶属于动物，并不是因为外表，而是因为体内细胞的解剖结构。

如果你曾在显微镜下观察过植物细胞和动物细胞，你就会知道它们有几个明显的区别。其中最明显的一点是，植物细胞有刚性的细胞壁，这往往使得它们的几何形状相对稳定，而动物细胞只有富有弹性的细胞膜，往往看起来又圆又软。真菌细胞也有细胞壁。动物细胞没有细胞壁，这是动物和其他多细胞生物的关键区别之一。

下图 栉水母，这种简单但进化得很成功的动物是最古老的动物谱系之一的现代代表。

动植物之间的另一个重要区别是获取能量的方式。植物可以通过光合作用将二氧化碳和水转化成葡萄糖，而动物必须消耗其他有机物。这意味着动物不能在没有其他有机物的情况下生存。无论是早期的类似海绵的动物还是类似栉水母的动物，它们都是以海水中漂浮的微小有机物（例如死亡植物的碎片）为食的，就像现今的海绵和栉水母那样。随着时间的推移，动物进化出了自由而果断地行动的能力，可以攻击并吃掉活着的植物和其他动物。

上图及右图 植物是生产者——它们利用阳光储存能量。这些能量通过食物链，经由以植物为食的初级消费者（如斑马），进入以动物为食的次级消费者（如狮子）体内。

// 生命的其他形式

上图 作为第一种利用太阳能的生物，蓝细菌在地球生物的故事中扮演着至关重要的角色。

地球上的生物自然地分为几类，它们在不同的时间从生命之树上分出来。具有复杂细胞的生物群——真核生物，根据其细胞结构和身体组织方式的基本差异被进一步划分为几个主要群体。这些差异可以追溯到它们进化的早期。这些群体通常代表不同的界。在生物学的历史上，不同的生物学家将这些群体划分为 2 到 6 个不等的真核生物界，但他们一直认为，所有动物集合在一起形成了自己的动物界。

植物也有自己的植物界。几乎所有的植物都能进行光合作用，但是光合作用比植物更早出现。第一种可以进行光合作用的生物是简单的原核生物，称为蓝细菌。现代植物细胞中含有一种叫作叶绿体的微小绿色物质，它负责进行细胞的光合作用——叶绿体起源于 10 亿年前开始生活在其他细胞中的自由生活的蓝细菌。

目前，自由生活的蓝细菌仍然大量存在，它们和植物通过光合作用捕获太阳能，将氧气释放到大气中，同时从大气中吸收二氧化碳，从而使得地球生物得以生存、繁衍。如今，植物覆盖了地球大部分的陆地表面，在地球各地的浅海中也有大量的植物。除了提供氧气，它们还为动物提供食物来源和庇护所。很简单，没有它们，动物就不可能存在。

真菌以前被归类为植物，但对其细胞结构的研究表明，它们根本不像植物。事实上，它们与动物的亲缘关系比与植物的亲缘关系更近。像动物一样，它们也是异养生物，以有机物为食，而不是自己制造养分。它们的食物可能有生命，也可能没有生命——一些真菌攻击动植物并引起疾病。真菌可以是单细胞的，也可以是多细胞的。多细胞真菌主要由被称为菌丝的细丝组成，菌丝在土壤中广泛生长。我们星球上最大的单个生物体是美国俄勒冈州的一株蜜环菌——它的菌丝网络直径近 6 千米。真菌也会产生子实体——常见的蘑菇会将孢子释放到空气中。

一些生物学家认为还存在原生生物界。原生生物界的生物是单细胞生物，可以自由移动，没有细胞壁。然而，原生生物界并不是一个明确界定的群体，它的成员并不是

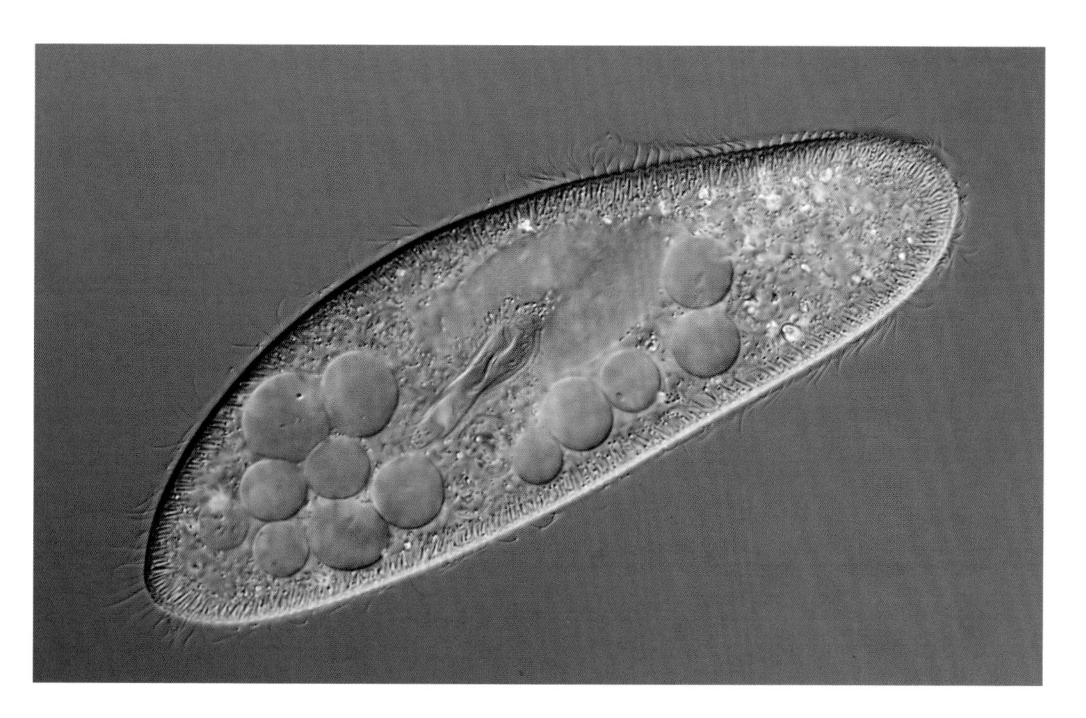

左图 一些单细胞真核生物，如草履虫，仍处于不断变化之中。

下图 从我们人类的视角来看，动物、植物和真菌占地球上生物的绝大多数，实际上它们的数量远不如更简单、更微小的生命形式。

植物、真菌或动物，除上述三个共同点之外，它的成员之间实际上还有什么共同点，我们尚不清楚，而且它们可能并非从同一个祖先进化而来。色藻界是一个独特的群体，这个群体有时也被划入原生生物界，其中包括一些以前被归类为植物的多细胞生物。单细胞生物草履虫就是一种原生生物，它经常被用于生物课堂教学。

动物进化系统树

人类一直认为，动物应该被分门别类。我们曾经可能认为，动物类别一直以独特不变的形式存在。然而，一旦我们理解了发生在自然界的进化过程，理解了随着时间的推移，一种生物可以进化出几种不同的生物，我们就知道，这种看待自然界的方式是错误的。与类别固定相反，动物的进化过程如同一棵不断生长的树，在空间和时间中蔓延和产生分支。

不到 10 亿年前，被称为动物的分支从生命之树的主干中生发，并且之后产生了许多新的分支。随着时间的推移，一些分支——无论大小——逐渐消亡，但是其他的分支还在茁壮成长。而我们人类，尽管喜欢把自己描绘成进化所产生的最先进的实体，但在这棵巨大而奇妙的生命之树上，我们只是一个极其微小的分支。

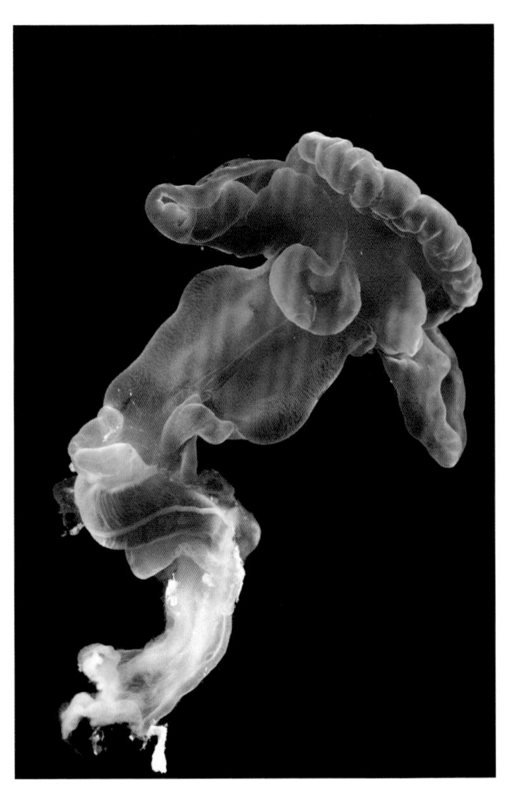

右图 这种柱头虫代表了早期后口动物的一个谱系。这个群体比简单的原口动物（占无脊椎动物的大多数）进化得更晚，在胚胎发育时期，其消化道的发育方式也与原口动物的有所不同。

下图 海葵的身体呈辐射对称，同样的身体部位在其中心点周围重复出现。如果通过这个中心点把任何部位一分为二，那么得到的两半就是彼此的镜像。大多数更高级的动物呈两侧对称，这意味着只有通过中线切分才能得到互为镜像的两半。

右图 这张图向我们展示了主要动物门的进化过程，以及从解剖学角度来看该过程的发展。

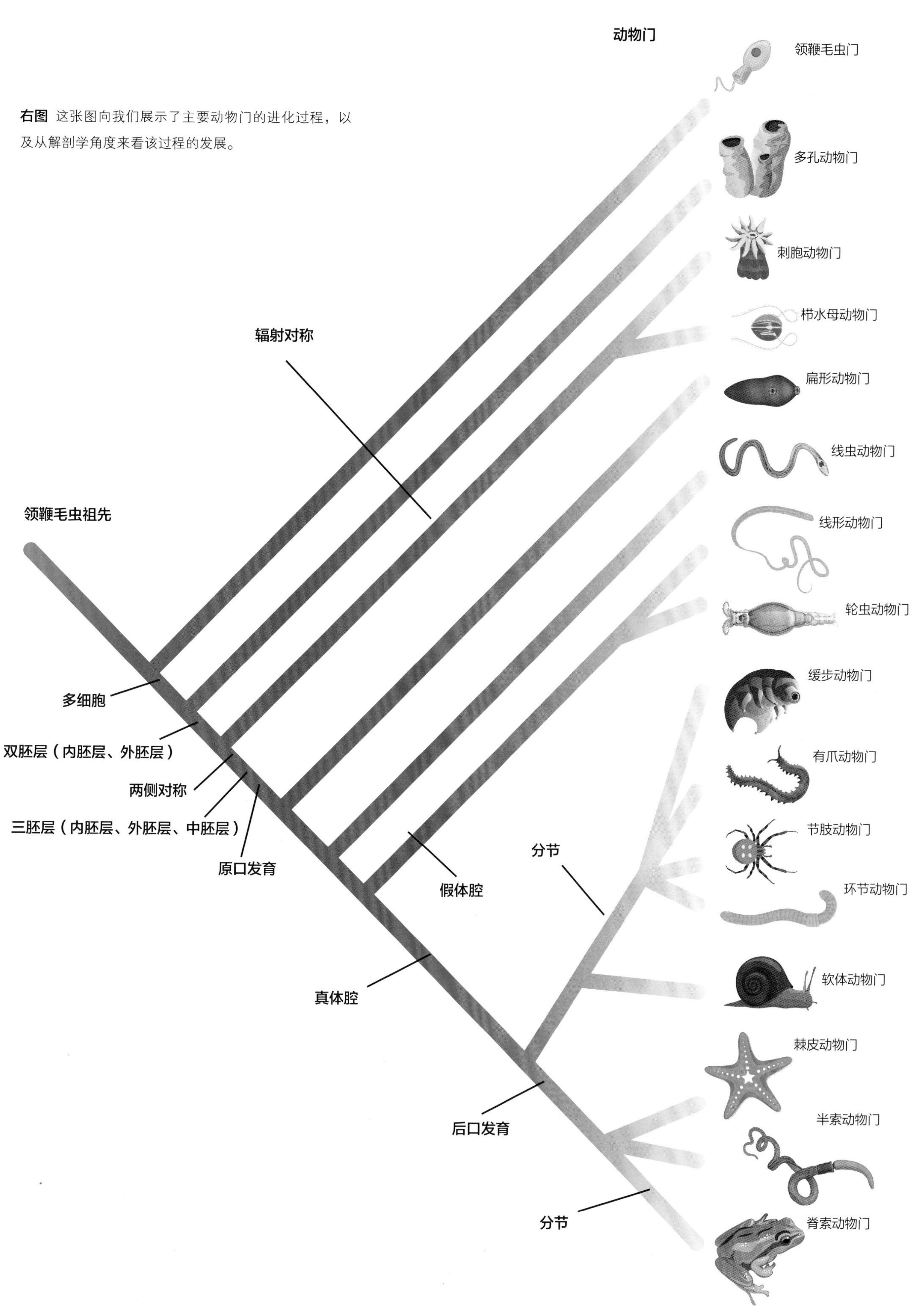

// 进化里程碑

在动物生命出现之前，生命史上发生过几个重要的事件，它们为更复杂的生命进化铺平了道路。在动物进化的过程中也是如此。其中一些伟大的进步或创新不止一次地独立出现，而另一些似乎只出现了一次（至少就目前而言，进化仍在进行）。按照它们出现的时间顺序，我们来看看其中的几个。

特化细胞

像海绵这样的简单动物是由细胞组成的，这些细胞与单细胞生物的并没有太大的不同。更多分化和特化的细胞类型的出现导致动物进化出具有特定功能的身体系统。更广泛的特殊细胞类型最终构成了我们在高等动物身上看到的所有组织、系统和器官。

上图 海葵有刺细胞，可以杀死猎物。

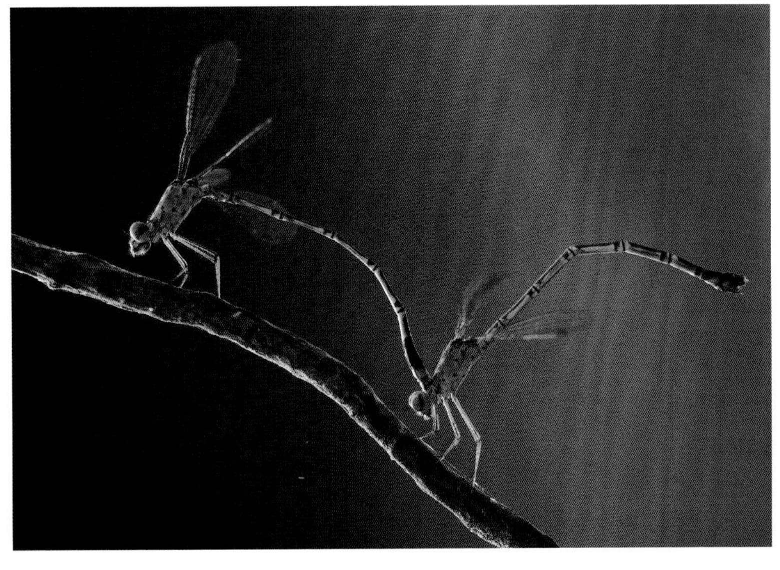

上图 对豆娘来说，交配是一个复杂的生理过程。

两侧对称

拥有对称的身体使得运动更有效率，也有助于营造一个更有组织的内部环境。大约 6 亿年前首次出现在动物身上的两侧对称，使定向运动变得更加容易。它的出现推动了独特的头部进化，头部拥有了感官和摄食的器官，这样动物就能知道它要去哪里，并食用它在那里找到的食物。两侧对称的动物还有一个尾部，这样它就能将自己的排泄物留在身后。

上图 两侧对称的海鸥，其猎物海星呈辐射对称。

性行为

大多数动物会进行有性繁殖，通过两性生殖细胞结合的机制维持生命的不断繁衍。每个生殖细胞或配子含有父母一半的 DNA，当它们结合在一起时，就形成了一个独特的混合了父母双方基因的个体。这种繁殖方式存在于一些简单的动物身上，也存在于许多非动物的生物身上。它为动物种群提供了更丰富的遗传多样性，同时也引入了性偏好和性选择。这些为进化增加了一个新的维度，因为成为出色的幸存者和拥有强大的异性吸引力是不同的技能，并且不是每种动物都需要相同的性状。

呼吸空气

生命起源于海洋，大部分生命至今仍可在海洋中找到。然而，一旦植物开始在陆地上生长，就会有不同的动物加入，大约 5 亿年前，类似昆虫的生物开始引领这一进程。在陆地上生活需要新的呼吸方式和新的外壳（防止身体干燥），但也提供了一个新的重大机遇。

左图 呼吸空气的弹涂鱼向我们展示了鱼类是如何首次上岸的。

飞行

动物的飞行能力已经进化了 4 次，分别体现在 4 个不同的动物群体中——昆虫、翼龙、鸟类和蝙蝠。它们进化出的 4 种翅膀的解剖结构和功能差异很大。除此之外，其他许多种群也进化出了滑翔能力。这些动物可以在空中长途跋涉，开拓大量新的栖息地。

右图 蝙蝠是进化得最成功的哺乳动物之一。

智力

无论你如何定义智力，你都无法否认，学习、计划、想象、创造和创新的能力有助于生存。聪明的群居动物可以把学到的技能和信息传递给群体中的其他个体。这是文化的进化，是一个比“正常”进化快得多的过程，并且成就了人类目前的主导地位和影响力。

左图 日本猕猴进行大量的互相学习，其中包括享受泡温泉的乐趣。

// 如何研究进化

除非我们发明一种穿越时空的方法，否则我们永远无法确定哪种动物是最早存在的，也无法确定我们的世界在44亿年前是什么样子，或者早期人类是何时说出第一个词语的。研究过去，尤其是史前的过去，意味着我们必须收集任何能找到的证据，而且事件发生的时间越久，解释这些事件的证据就越间接，也越难得到。

大多数死去的动物要么被其他动物吃掉，要么遗骸很快就被其他自然过程破坏。随着时间的推移，即使是最坚硬的骨骼也会被磨损。然而，在一些特殊情况下，遗骸被保存了足够长的时间并留下了永久的印记。举一个典型的例子，一只动物死在了静止的水中，它的遗骸逐渐被沉积物所覆盖。沉积物的底层逐渐被压缩，几千年后，变成了岩石。动物的遗骸被困在岩石中，腐烂得很慢，但是它所占据的空间被保存了下来，通常，腐烂的部分会由不同类型矿物质的沉积物所填充（水携带着这些矿物质逐渐渗入岩石）。这就产生了化石。

化石非常罕见，但是在世界各地的沉积岩沉积物中，我们已经发现了数以千计的化石。通过研究化石，我们知道了大型恐龙、蛇颈龙、翼龙、剑齿虎和巨型树懒的存在，第一条用鳍站立并走出海洋的鱼的存在，以及一系列解剖结构奇异的海洋无脊椎动物的存在——它们所属的生态系统在我们人类存在之前就已经消亡很久了。地质学和化学为确定岩石的年龄提供了相当准确的方法。有了这些知识，研究不同时代的不同动物化石的解剖结构，并将它们与现存动物进行比较，有助于我们拼凑出生命之树是如何生长的。

下图 一具在中国出土的精美翼龙化石。像这样的化石能够帮助我们推断出这些早已灭绝的动物的外貌，以及它们是如何生活的。

另一个帮助我们理解进化的最新研究领域是基因测序。动物的每个细胞都含有 DNA 链。DNA 分子携带一系列指令，用来指导构成动物身体的所有蛋白质的合成，每个编码单一蛋白质的部分称为基因。我们现在有了从细胞中提取 DNA 并绘制其基因全序列——基因组的技术，基于此，我们可以将来自不同动物细胞的 DNA 进行比较。

许多基因是几乎所有的动物共有的，而那些在进化系统树上分道扬镳的动物，它们绝大多数的基因是相同的。例如，随机选择两个人，他们大约有 99.9% 的基因是相同的。人类基因组中 98% 以上的基因与黑猩猩的相同，92% 的与家鼠的相同。我们大致知道基因一代又一代地变异成新形式的速度有多快，将这一知识与两种动物基因组之间的差异结合起来，我们就能知道这两种动物的共同祖先生活在多少年前。

上图 人类和人类的亲缘种黑猩猩的 DNA 相差约 1.2%。然而，这相当于大约 3500 万个 DNA 碱基对的差异，而且两者在基因相互作用和基因表达上也存在差异。

下图 DNA 结构的发现：DNA 含有 4 种碱基：腺嘌呤 (A)、胸腺嘧啶 (T)、胞嘧啶 (C) 和鸟嘌呤 (G)，A 总是与 T 配对，C 总是与 G 配对。两条 DNA 链围绕一个共同的中心轴盘绕，构成双螺旋结构。一个基因序列中包含很多个碱基对，而细胞中的每条染色体都由数千个基因组成。

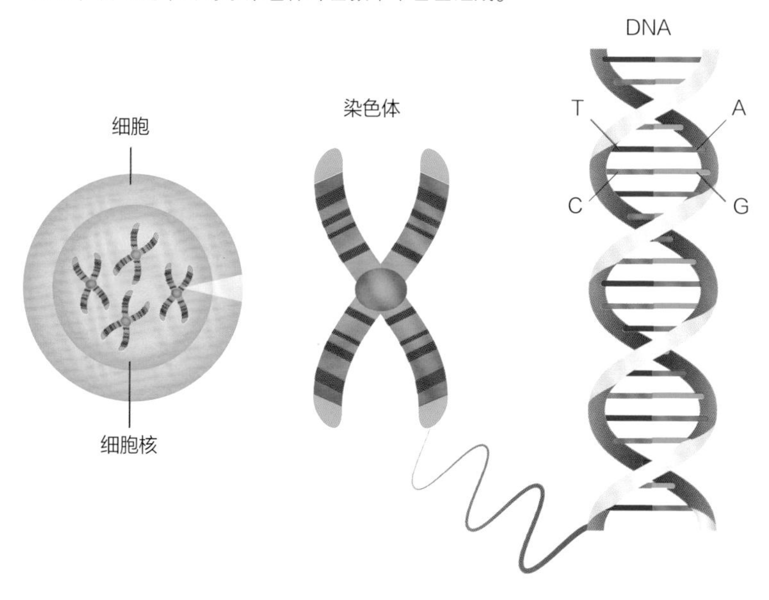

// 进化进行时

与地球相比，我们人类仅仅存在了一眨眼的时间。事实上，如果我们把地球形成以来的 45.4 亿年浓缩成一天 24 小时，那么人类物种只在这天的最后一秒出现。所以，虽然我们努力去理解地球上生命进化的巨大时间跨度，但得到的印象是，尽管过去充满了无数神奇生物的起起落落，但是如今地球上的生命依然如旧，这一点不足为奇。

然而，只要生命存在，进化就会继续。进化的速度似乎总是太慢，在我们的生命周期中难以察觉，但它在不同地方的表现有所不同，例如，在条件非常稳定的最深的海洋中，有些动物（例如鹦鹉螺）几亿年来几乎没有变化。相反，在快速变化的环境中，进化可能发生得很快。这种变化可以为动物创造许多新的生存机会，但它们也带来了巨大的危险——无法迅速适应的动物可能会灭绝。

由于构造板块运动和侵蚀等过程，地球地貌不断发生大规模变化。这种变化通常非常缓慢。例如，因为两个构造板块挤压在一起，某些山脉正在逐渐升高，而侵蚀作用正在导致其他山脉逐渐收缩。当然，自然变化也可能发生得很快。火山喷发几乎可以在一夜之间导致全新的岛屿从海洋中隆起，这座岛屿也可能会很快被外来生物入侵。在意识到生活在相对新近形成的火山岛科隆群岛上的各种鸟类是几千年前飞到该群岛的大陆鸟类后裔，并且它们为适应新家园而不断进化并变得多样化之后，查尔斯·达尔文（Charles Darwin）创立了进化论。相反，火山喷发也可能彻底摧毁一座现有的岛屿，并消灭所有在那里进化出来的动物。

如今，人类活动比任何地质过程都更迅速、更广泛地改

下图 生活在城市的狐狸和生活在乡村的狐狸不太可能在短时间内进化成两个不同的物种，因为它们并不是完全隔离的（一些狐狸的领地包括城镇和乡村地区）。

变着动物栖息地。人类活动对进化的影响已经体现在很多方面。例如，在伦敦的地下铁路系统中，一种新的蚊子已经进化出来，它们与地面上的祖先有着不同的基因和行为。在英国城市里生活的狐狸（包括口鼻部较短的狐狸）已经不同于在乡村生活的狐狸——这种适应性主要是为了觅食，而不是狩猎。

死亡和灭绝是进化过程的一部分。几乎所有在进化过程中被淘汰的动物物种都已经灭绝——一个物种的平均寿命只有大约 100 万年。然而，因受到现代人类活动影响而灭绝的物种要比最终适应的物种多得多。地球上的动物王国正处于巨大的变化之中——我们很难看到进化的发生，但是我们不能不正视我们周围的动物正在灭绝的事实。

上图 科隆群岛上的知更鸟已经进化到可以靠喝血为生，它们可以啄破海狮身上的血痂——这种食物资源是它们在陆地的亲缘种所不能获得的。

下图 这幅图显示了近几个世纪脊椎动物的灭绝率（相对于背景灭绝率而言）。

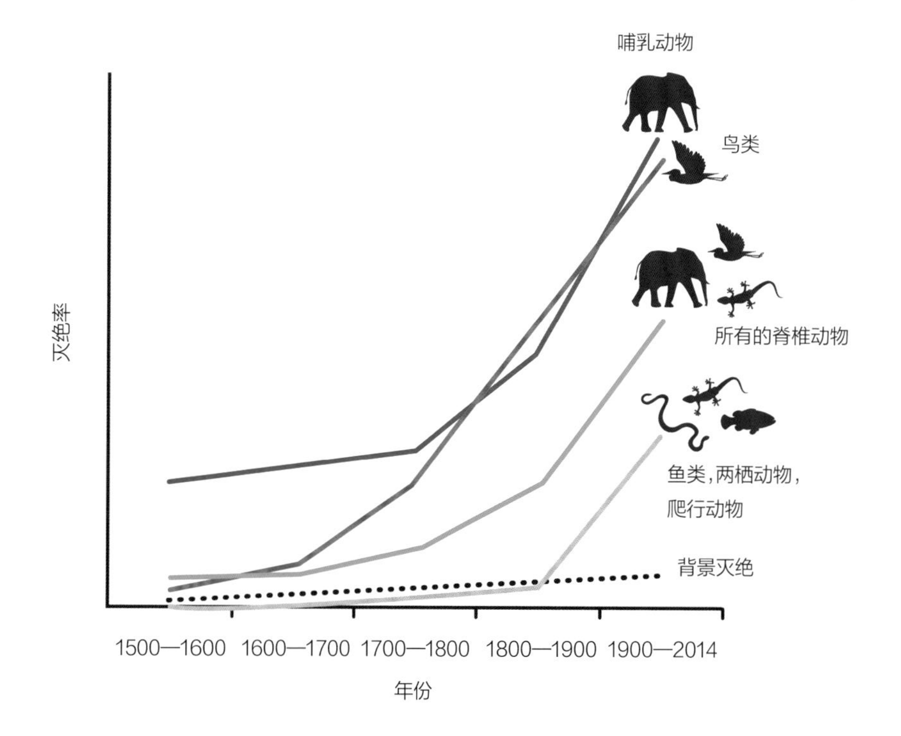

无脊椎动物

传统上，我们把动物分为“无脊椎动物”和“脊椎动物”，仿佛它们是相等的两半。然而，脊椎动物只是分类树上的一个小分支。而无脊椎动物在我们的星球上随处可见，它们似乎对每一种可以想象的生活方式都了如指掌。

每天，数以百万计的金色水母在水母湖水平迁移。这个海洋湖位于西太平洋帕劳的埃尔马尔克岛，通过古老的石灰岩礁中的许多裂缝与海洋相连。

// 无脊椎动物的多样性

我们人类通常喜欢将所有动物分为两类：脊椎动物以及无脊椎动物。这种划分反映了这样一个事实，即我们以及我们最了解的大多数动物都是脊椎动物，因此我们非常重视脊椎动物。然而，生物学家将动物界现存的动物分为 30 多个基本组（称为门），除了其中一个门之外，其他所有门都由不同种类的无脊椎动物组成。即使是这个包含脊椎动物的门也包含一些无脊椎动物。事实上，95% 以上的已知动物物种都是无脊椎动物。它们几乎生活在地球上的任何地方，包括最深、最冷的海洋，最热的沙漠，最高的山脉，以及更宜人的栖息地——热带和温带海域的浅礁和海

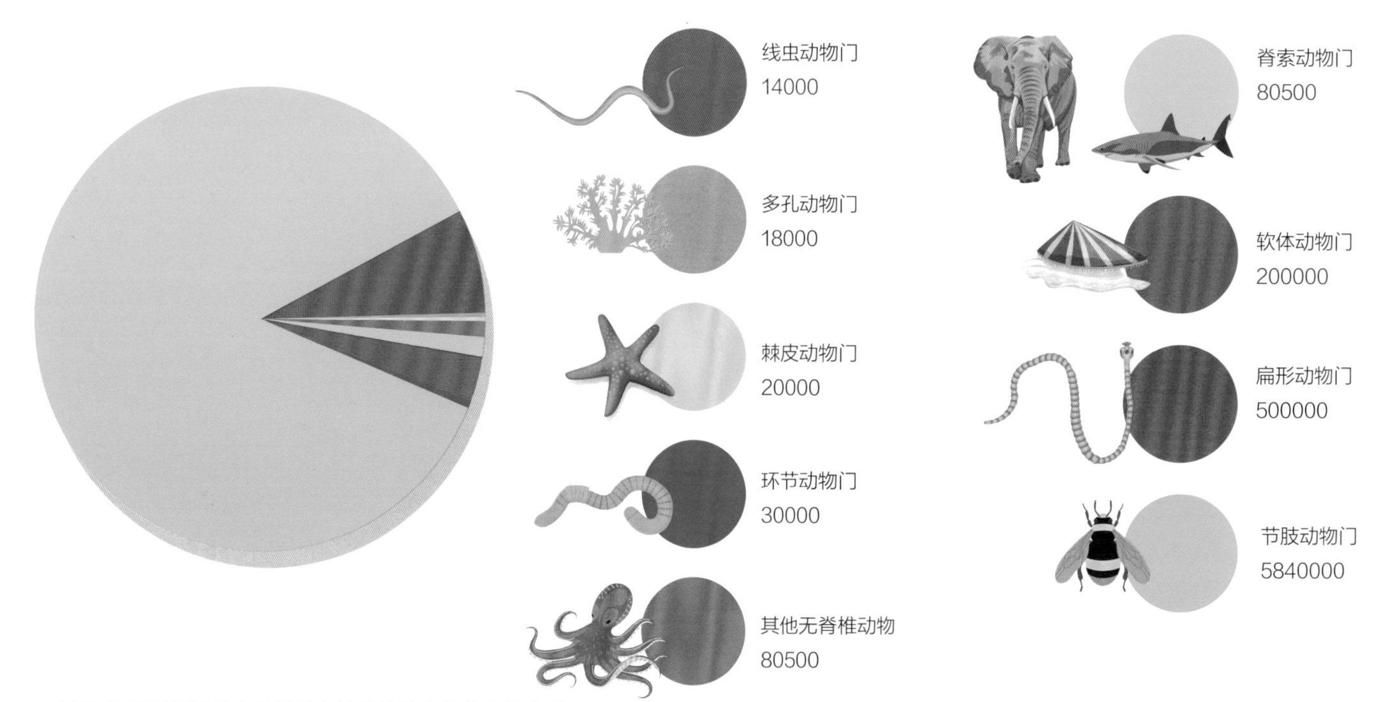

上图 这幅饼状图代表了地球上较大的动物门的物种多样性。正如我们可以看到的，节肢动物门是迄今为止最多样化的动物门。

下图 海蛞蝓，它是世界各地海洋中色彩缤纷的“居民”之一。

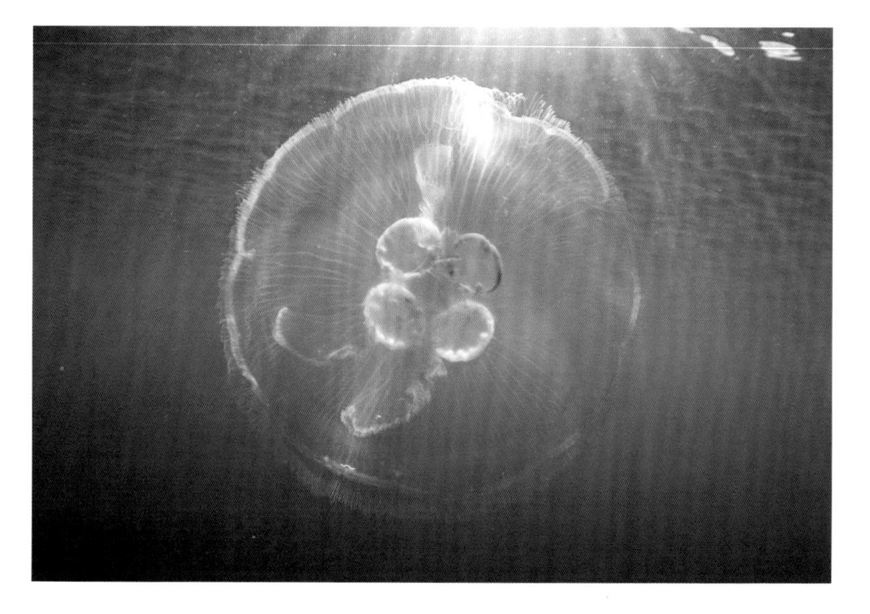

上图 水母属于刺胞动物门，它们虽然没有传统意义上的大脑，但表现出清晰的行为模式。

右图 完全栖息在陆地上的无脊椎动物种类相对较少，但栖息在陆地上的主要无脊椎动物类群——昆虫，其数量远超陆生脊椎动物。

带森林、热带雨林和落叶林地、内陆淡水、沼泽、草甸和草原。有些甚至在与人类住区相关的新的、具有挑战性的栖息地——种植园、农田、花园，甚至在我们的建筑物内茁壮成长。它们的生活方式与它们的身体结构一样多样，其中一些是关键种，作为捕食者或猎物，甚至栖息地的实际建造者，支撑着整个生态系统。

我们通常认为无脊椎动物体型微小，实际上许多无脊椎动物只能在显微镜下才能清楚看到。然而，即使是这些微小的生命也远非微不足道。身体骨骼的更新、不同的呼吸方式，以及维持体内水分的方式，使脊椎动物的体型比大部分陆生无脊椎动物要大得多。然而，在深海中确实存在着一些巨大的无脊椎动物。如果用生物量（单位面积或单位体积中所有个体的总重量）来衡量，那么所有生境中的无脊椎动物的生物量很容易超过脊椎动物（包括世界上最敏捷的飞行专家、最长寿的幸存者、最致命毒液的携带者，以及地球上最先进的感官系统的拥有者）。而且，尽管一些无脊椎动物看起来非常陌生，它们的美丽却令人叹为观止。

上图 各种解剖因素对陆生无脊椎动物的潜在大小施加了上限。椰子蟹体重可达 4.5 千克，目前是陆生无脊椎动物中最大的一种。

右图 棘皮动物门的海蛇尾和刺胞动物门的海葵都表现为辐射对称，这是一些相对更古老的无脊椎动物群体的共同特征。

// 海绵

如今，你的浴室海绵可能是由塑料制成的，但生物界存在“天然海绵”，这是真正活着的动物——多孔动物的通称。海绵体内含有许多孔隙和通道，当海绵还活着的时候，这些孔隙和通道可以让水畅通无阻地通过海绵的整个身体。大多数海绵生活在海里，但也有

海绵细胞类型

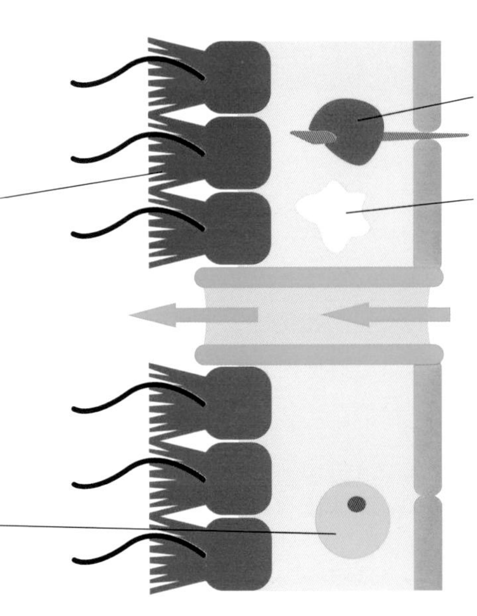

领细胞会过滤水中的食物颗粒，加快水的流动

卵子（雌配子）在有性生殖中与精子结合

造骨细胞能分泌形成骨针

变形细胞可以转变成不同类型的细胞，也可以运输营养物质

海绵解剖图

出水孔

水流

入水孔

海绵腔

领细胞

上页下图 像陆地上的植物为陆生动物提供了庇护所一样，海底的海绵为其他海生动物提供了庇护所。

右方上图 一些宽吻海豚在海底觅食时，会用海绵保护自己的嘴部。

右方下图 海绵在吸水方面不如其他滤食动物，但它们非常开放的身体结构很有帮助。

一些属于淡水物种。

乍一看，海绵更像植物而不是动物。它们扎根于海床或其他静止的物体上，多以茎状形式生长，有时也以分支的形式生长，每个分支都是中空的管状，中间有一个大的开口。还有一些海绵又胖又圆，比如巨大的桶状海绵。它们颜色鲜艳（明亮的黄色和紫色尤为常见），可以长成巨大的个体。脱落的海绵碎片可以附着在海床上，长成一个新的个体，但海绵也可以通过产生精子和卵子进行繁殖，这些精子和卵子结合形成新的胚胎。濒临死亡的海绵可以产生被称为芽球的“储存器”，芽球可以休眠，直到条件变得适合生长。

典型的海绵身体主要是由胶原蛋白基质和胶状物质构成的。它们的活细胞在内部，层层覆盖在胶原蛋白基质之上。活细胞执行基本功能，例如吸收食物（水中的有机物碎屑）和生成胶原蛋白，使海绵能够生长。玻璃海绵具有不同的支撑结构——由坚硬的、玻璃状的针状体组成的网状结构，活细胞在这个结构的深处分层。这些坚硬的海绵通常生活在非常寒冷的海洋深处，可以存活1万多年。

海绵缺少我们在大多数动物身上发现的身体系统。它们的细胞通常是未分化的，但是可以变成几种特殊类型中的一种（然后再变回来）。你可能认为它们更像是由合作的细胞组成的群落，而不是完整的动物。然而，它们确实在一定程度上影响着自身的内部环境。它们可以通过体内孔隙中的瓣膜来控制水流（这些瓣膜可以让水流进而不流出），还可以通过鞭毛来推动水流。海绵幼虫在固着之前可以在海床上游动和爬行。一些海绵甚至已经适应了自己的捕食者身份，它们用具有黏性的刺捕捉活的猎物，然后逐渐消化它们。一些捕食性海绵可以用水流在体内吹起“气球”以阻止猎物逃跑，从而使进入它们管道的猎物无法动弹。

化石记录显示，海绵至少存在于5.8亿年前，或许可以追溯到7.6亿年前，是地球上最古老的动物之一。如今，大约有9000种海绵已经被科学家描述过，但是很可能还有更多的海绵生活在世界上尚未被探索的海域中。

// 栉水母动物

栉水母动物一直在与海绵争夺“地球上最古老的动物”的称号。这两类动物外形相似：它们都有柔软、透明的身体，有些物种拥有一对长长的触手，它们在海里游动或漂浮。然而，这两个群体并没有密切的联系。栉水母这个名字与一排排细小的栉毛或纤毛有关，这些纤毛是用来游动的。像海绵一样，栉水母动物的身体有一个大的开口，并且体内拥有多分支的管道系统，可以让水自由通行。

栉水母动物体内的主要胶状物质被内外两层活细胞所覆盖。身体外侧的细胞长出较大的游动纤毛，通常形成 8 条纵列的纤毛带。其外侧也有感觉细胞，这些感觉细胞与体内的其他感觉细胞互相交流，形成一个初级神经系统。内侧的细胞有较小的纤毛，这有助于控制通过体内管道和主体腔的水流。栉水母动物还有消化细胞、可收缩的肌细胞和生殖细胞（可以发育成卵子或精子）。一些栉水母动物拥有两条长长的触手，触手尖端有黏性，可以用来捕捉猎物，并且可以完

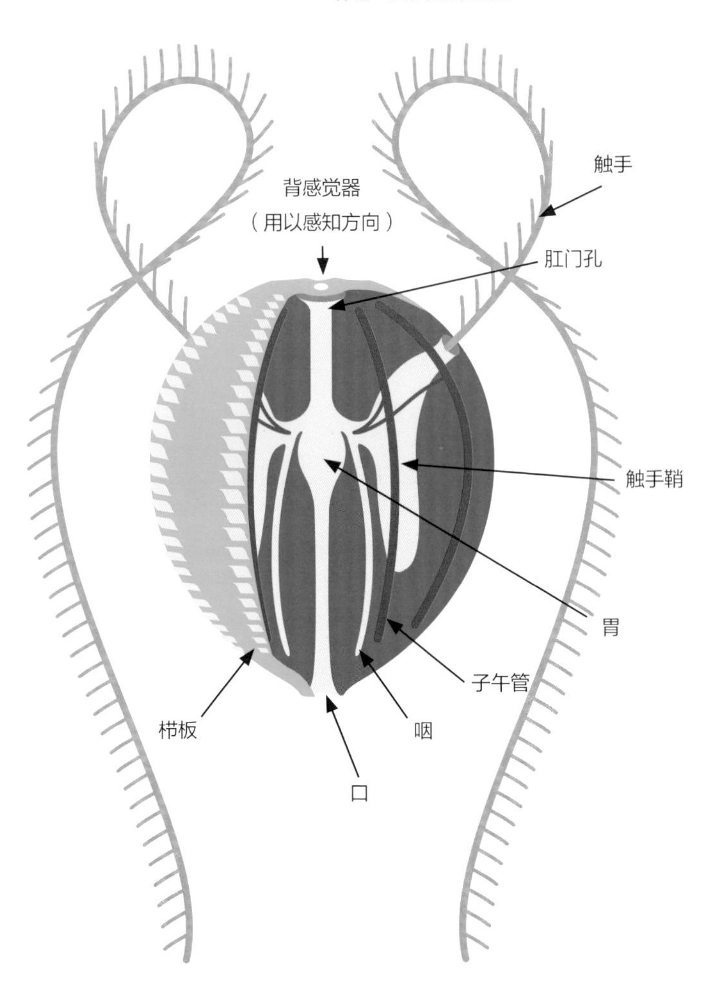

下图 一些栉水母动物用成对的长触手捕捉猎物。

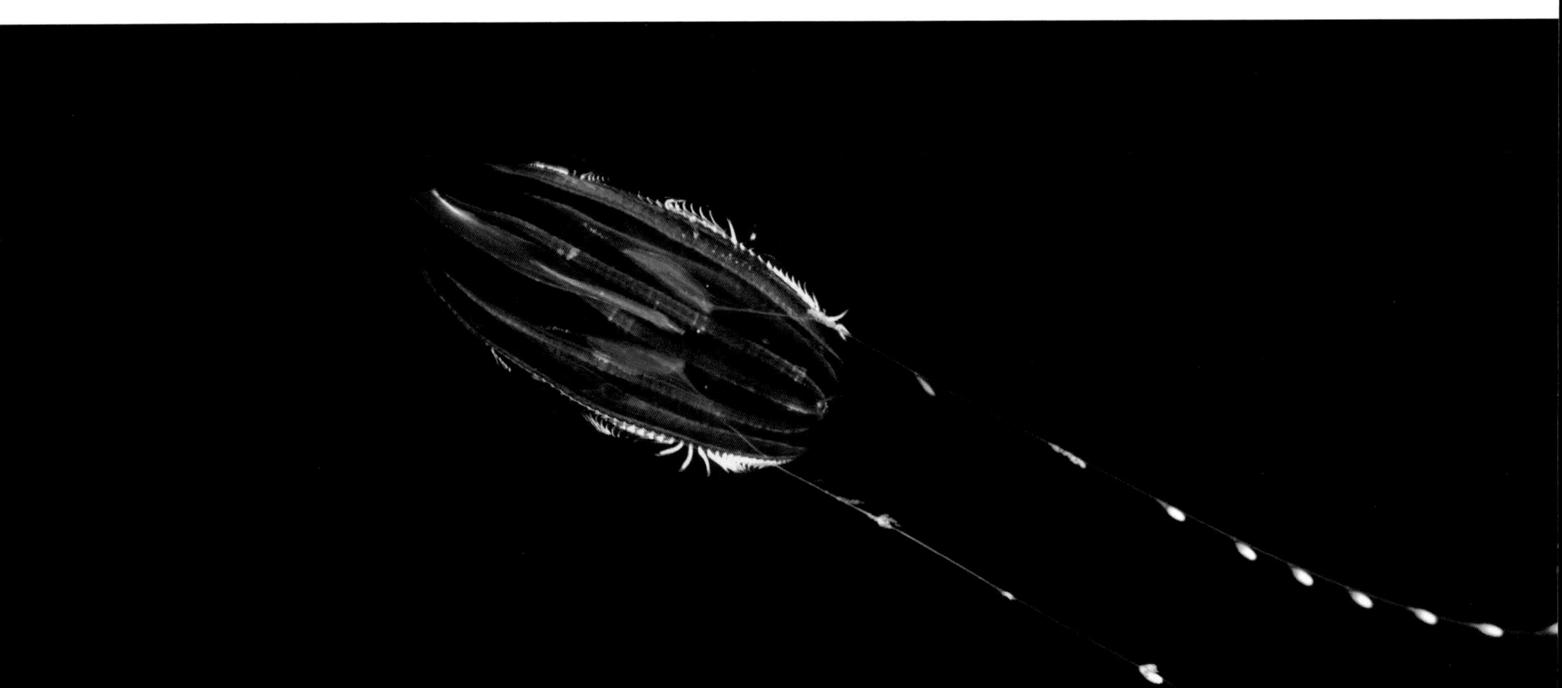

左图 爱神带水母是一种不同寻常的栉水母动物，形状像缎带而不是椭圆形。

下图 栉水母动物发光的原理目前尚不可知，但可能是一种阻止捕食者的适应性特征。

全被拉进体内。那些没有这种触手的栉水母动物通过将猎物吸进中央的腔室或胃来进食。由此产生的食物和酶混合而成的“汤”随后流经体内其他器官，营养物质被消化细胞吸收，排泄物通过肛门孔排出。

目前科学界已知的栉水母动物只有 150 ～ 175 种。最为人熟知的是拥有一对触手的球栉水母。其他大多数栉水母动物身体呈卵形。有些栉水母动物拥有扁平、细长的带状身体，它们游动时，身体呈波浪状起伏，其中一些身长超过 1 米。大多数栉水母动物体型较小，有些只有几毫米长。

尽管北大西洋和北太平洋海域的游泳者可能会在一年中的某些时候遇到大量栉水母动物，但它们仍然是相当神秘的。在水中碰到栉水母动物可能会令人不安，但并不危险，因为它们没有刺细胞（区分某种动物是否为栉水母动物的关键）。

栉水母动物和海绵，谁更古老？

海绵和栉水母动物都属于至今仍然存活的最古老、最独特的动物谱系之一。长期以来，人们一直认为海绵一定比栉水母动物出现得早，因为海绵的身体结构要简单得多，它们没有任何神经系统或肌肉组织。栉水母动物的身体柔软，呈凝胶状，因此其化石证据非常罕见，但有关它们基因组成的证据表明，它们的谱系可能比海绵还要古老。甚至，现代海绵也有可能是从更复杂的祖先进化而来的。但重要的一点是，进化时间并不总是与复杂性相关。如果更简单的身体结构和生活方式更有利于生存，那么这种身体结构和生活方式就会随着时间的推移而发展。

// 刺胞动物

刺胞动物门包含 10000 多个物种，其中多个物种为海洋动物。刺胞动物有一个独特的破坏性特征：它们的身体中含有一种特殊类型的细胞，称为刺细胞，这种细胞有一个功能——刺伤其他动物。刺胞动物用它们的刺丝杀死猎物，并保护自己免受攻击。它们大多是软体动物，但是它们的刺细胞使它们具有攻击性，而且其中有些种类属于地球上最危险的动物。

左图 “葡萄牙战舰”有两个截然不同的身体部位——漂浮的、顶部有帆的浮囊，以及拖曳猎物的大量致命触手，触手长度可达 30 米。

下图 目前科学界已知的箱形水母大约有 50 种，其中一些是地球上对人类来说最致命的动物。

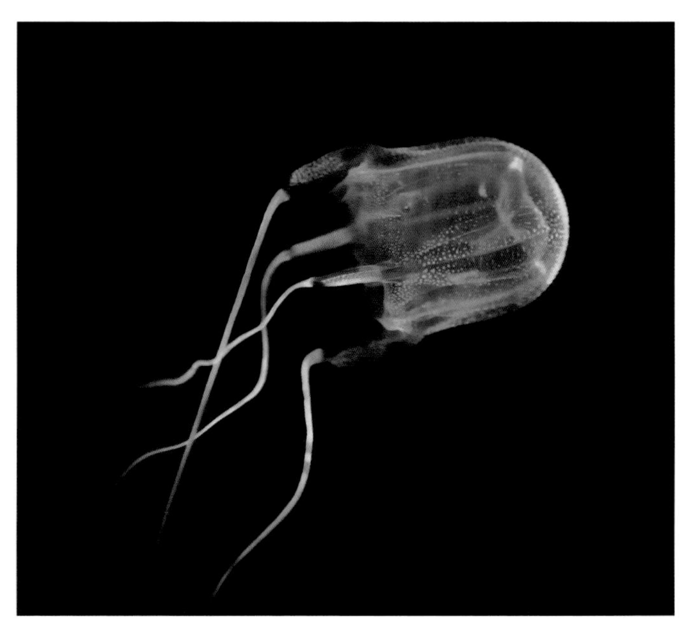

最常见的刺胞动物是海葵和水母。前者成熟时固着在海底（根植于原地），而后者自由游动，但是它们的身体结构相当相似。它们都有大量的触手，能够向任何不幸爬进或游进它们的猎物发起进攻。其他的刺胞动物有珊瑚和水螅。前者因分泌碳酸钙骨骼而闻名，这些骨骼最终形成珊瑚礁。后者是一个非常多样化的在海洋或淡水中营固着生活、会游动的动物群体，尽管其中大多数体型非常小，但也包括引人注目的大型管水母，如“葡萄牙战舰”。管水母是一种由几种基因不同的游动孢子组成的群居生物，每种游动孢子都有不同的外貌和功能。

虽然许多刺胞动物最终会营固着生活，但它们在生命的初始阶段是自由游动的幼虫或浮游生物。然后它们要么呈水螅型固着在海底，要么发育为自由游动的水母型。至少有一种水母——灯塔水母会发育为水螅型（从水母型发育而来）。这些水母能够恢复为水母型，然后再变回水螅型，这两种体型交替出现，使得它们从生物学上来看，仿佛可以永生。

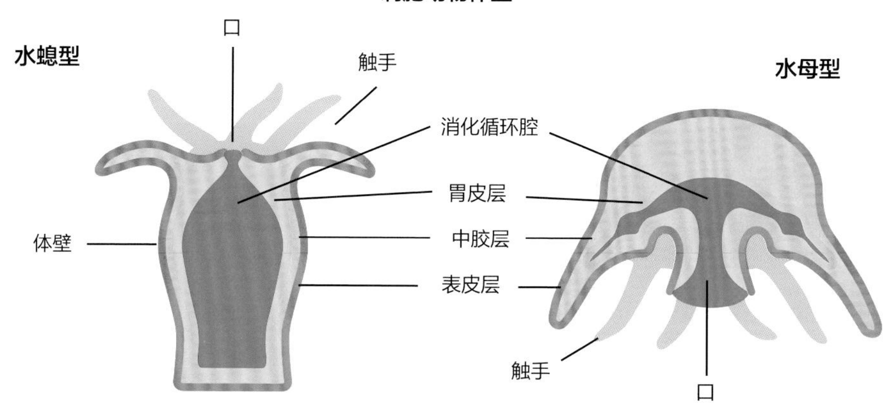

上图 小丑鱼的“海葵家园”确实是一个安全的避风港，只有愚蠢或鲁莽的捕食者才会追逐它们，进入致命的“触手森林”。

无名的英雄

众所周知，小丑鱼家族会在最受喜爱的家园——海葵的触手中躲避危险。通常，小丑鱼的潜在捕食者会被吸引到离海葵足够近的地方，成为海葵的午餐。但是为什么小丑鱼不会受到伤害呢？

刺细胞包含一种结构，类似于一根带刺的盘旋弹簧，位于一个充满毒液的囊内。当刺细胞受到水流或水中某些化学物质的刺激时，它会向受害者发起攻击，然后挤出毒液。由于许多这样的刺细胞同时活动，即使是体型较大的猎物也可能很快死亡。不过，小丑鱼体表有一层特别厚的黏膜来保护自己。此外，小丑鱼可能会逐渐“训练”海葵接受它。通过轻微的接触，小丑鱼会受到一些不会造成太大伤害的蜇刺，这会给它一剂抗体。最终，小丑鱼的化学特征与海葵的非常相似，以至于海葵的刺细胞不再对小丑鱼产生反应。

珊瑚礁生态系统中的生命

珊瑚礁生态系统拥有丰富多彩的生命，是热带天堂的关键组成部分。然而，珊瑚礁生态系统也可以在温带甚至极地水域形成，而且一些珊瑚礁生态系统存在于深水而不是浅水中。典型的珊瑚礁生态系统在温暖、清澈的浅水中存在，和其他大多数生态系统一样，珊瑚礁生态系统依赖阳光获取能量。这种被利用的能量通过食物链传递到其他食草动物和食肉动物身上。

珊瑚礁生态系统中进行光合作用的生物体包括海洋植物，也包括虫黄藻。虫黄藻是一种单细胞生物，可以生活在其他较大生物，特别是造礁石珊瑚的身体组织中。虫黄藻为珊瑚虫提供氧气和能量。如果环境条件变化（特别是水温上升）导致珊瑚虫排出虫黄藻，会造成珊瑚白化——珊瑚虫失去颜色，然后死亡。

正如我们所看到的，珊瑚虫是刺胞动物——带有触手。和海葵一样，它们也是水螅型(固着在水底而不是自由游动)。

上图 珊瑚形成了一个复杂的栖息地，为其他许多海洋动物提供了家园和庇护所。

下图 世界上相对较大和生物多样性较丰富的珊瑚礁生态系统的位置。

右方上图 一些软体珊瑚具有精致的树枝状结构，让人联想到植物的叶子。

上图 环形珊瑚环礁在一个被淹没和侵蚀的火山口周围形成。

上图 奇异的线珊瑚形成一条长长的单链，通常呈卷曲状或螺旋状。

形成珊瑚礁的珊瑚虫密集群居，单个群体中的所有个体基因相同，因为它们可以通过出芽的方式繁殖或者通过母体一分为二的方式进行分裂生殖。它们的蜇刺通常不像海葵那么有力，但它们有另一种防御手段——为自己分泌一个石灰质的庇护所。这个庇护所的外壳由碳酸钙构成，结构坚硬。珊瑚虫的身体在水中受到保护，它们的触手伸入水中捕捉猎物和其他食物颗粒——大多数珊瑚虫只在夜间摄食，因为这时它们受到捕食者攻击的风险较低。

珊瑚礁生态系统养活了大量的其他动物。珊瑚礁的形状多种多样——有的呈树枝状，有的呈圆球或土丘状，有的呈扁平的板状或扇形。它们使得海床结构复杂，充满了海底角落、缝隙和其他隐蔽处，因此为幼鱼和其他脆弱的动物提供了安全的庇护所。它们也能平息涌来的海浪，在许多情况下，在大海和陆地之间会形成相对平静、温暖的潟湖。许多鱼来到珊瑚礁和潟湖产卵。没有虫黄藻共生的深海珊瑚（深度可达 2000 米），也可为其他各种动物提供栖息地。

当珊瑚虫相继死去时，它们的碳酸钙骨骼依然存在，并且仍然为其他动物提供栖息地。然而，没有了活的珊瑚虫，珊瑚礁将不再生长，虫黄藻的消失将造成一个巨大的食物链缺口，对珊瑚礁生态系统中的其他生物产生毁灭性的影响。

// 棘皮动物

棘皮这个词的意思是“刺状皮肤”，棘皮动物门中的许多动物明显是带刺的。棘皮动物包括海胆、海星、管状海参、海百合（或羽毛海星）和海蛇尾等。所有的棘皮动物都生活在海洋中，其中许多生活在深海中，现存的棘皮动物种类大约有7000种。

棘皮动物呈现不寻常的身体对称方式——成体通常表现为五辐射对称，即身体被分成围绕一个中心点的5个相同部分。这种现象在五腕海星中最为明显，在其他棘皮动物中也存在。在地球一些地方的海滩上，人们经常会发现死去的沙钱的外壳，这些外壳上有清晰而漂亮的五叶图案。然而，棘皮动物幼体表现为两侧对称（左右两侧是彼此的镜像），并且常常有几条会游动的腕。幼体比成体活动能力强得多，在它们的早期生活中可以自由游动，直到它们开始蜕变为成体。

棘皮动物的另一个共同特征是它们的表皮下有由坚硬的骨板组成的骨骼。有些棘皮动物（比如海星）的表皮和骨骼可以非常灵活地相对移动，但它们也可以在必要时“锁住”自己，使身体突然变得僵硬。这有助于保护它们免受捕食者的伤害。棘皮动物的腹面有许多被称为管足的小突起，大多

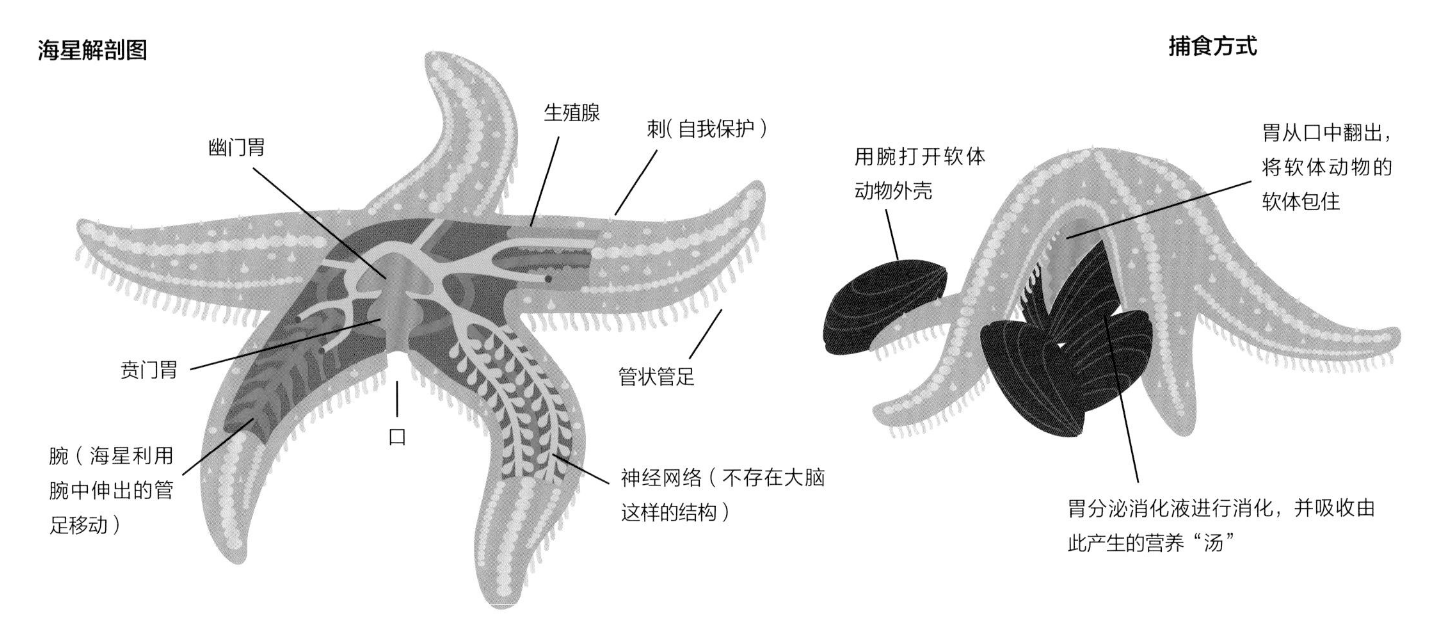

右图 大多数无柄海百合可以自由移动，可以沿着海床游动和爬行。

上图 楯形目的饼海胆的壳体看起来像漂亮的硬币，因此饼海胆有个更流行的名字“沙钱”。

数棘皮动物都能靠这些小突起爬行（尽管它们通常只能非常缓慢地移动）。棘皮动物有很强的再生能力。海星失去的腕通常可以再生，在某些情况下，一只断掉的腕上甚至可以长出一只新的海星。这是因为海星的每只腕含有相同的消化腺、生殖腺和神经组织。

棘皮动物的两腕中间有一个口（在某些种类中它可以兼作肛门）。有些海星用腕捕捉猎物，而有些海星翻出胃来吞噬猎物，然后把它们拉进自己的身体。海百合在水中挥动它们的长腕——腕上有带有黏性的管足，用来捕捉猎物，然后将猎物送进口中。海胆是植食性动物，以海底岩石上的海藻为食。它们又长又尖的刺是为了自卫，受到刺激时，它们会移动刺的位置——如果你触摸海胆某个部位的刺，那个部位附近的所有刺都会向你触摸过的部位倾斜。

和其他许多海洋无脊椎动物一样，棘皮动物既可以进行有性繁殖，又可以进行无性繁殖，但有性繁殖更为常见。棘皮动物多为雌雄异体，通过释放各自的配子进行繁殖。许多物种有不同的繁殖季节，在繁殖季节内，种群内的个体聚集在一起，释放它们的卵子或精子。在一些物种中，父母会照顾受精卵直到它们孵化，例如，一些海参会把它们的卵放在背上或腹部。

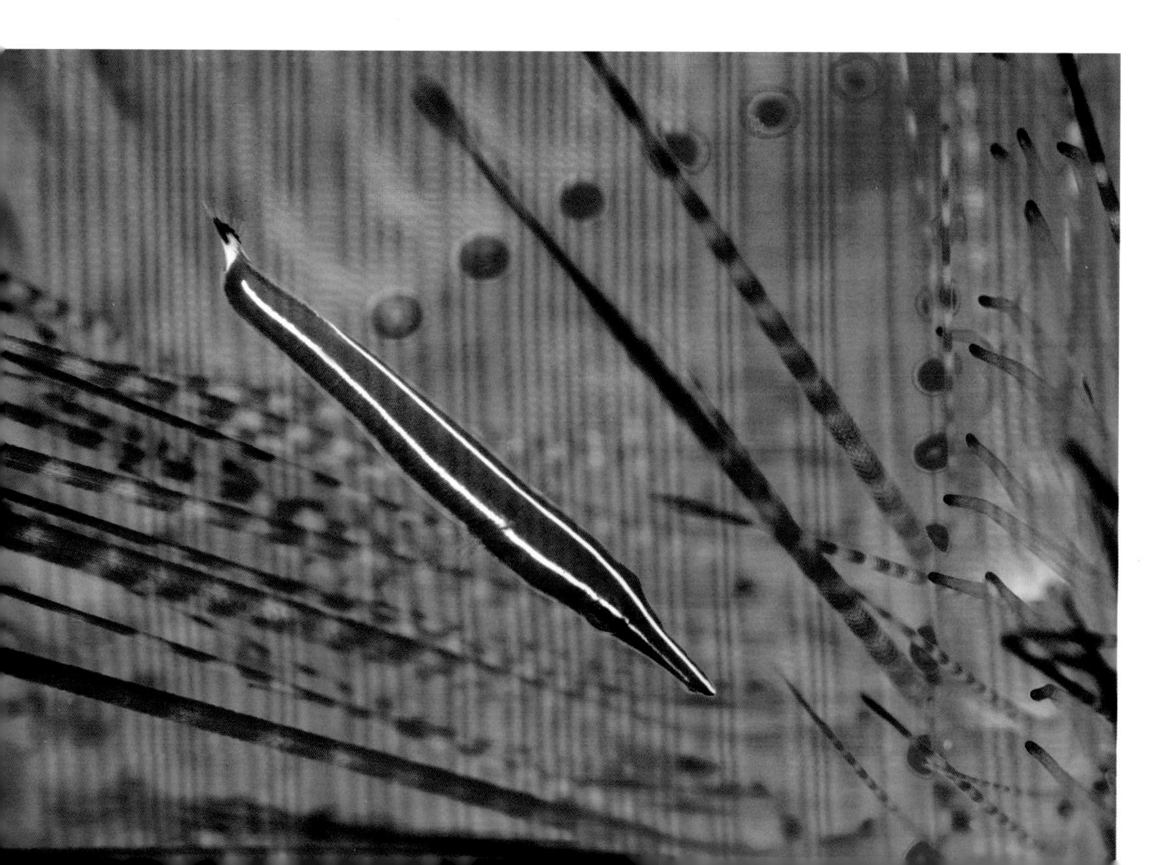

上方右图 海胆的每根刺都是围绕着碳酸钙晶体形成的，它的外壳也是如此。

左图 线纹喉盘鱼是一种热带珊瑚礁物种，常与长刺海胆生活在一起。

// 软体动物——蛞蝓和蜗牛

上图 石鳖，石鳖死后，其外壳上的翅状壳板会分开，而且通常独立存在。

软体动物门是体型最大的动物门之一，也是少数几个真正占领陆地和水域的动物门之一。当然，我们最了解的大概就是花园里的蛞蝓和蜗牛，以及一些人喜欢吃的少数海洋生物物种，比如蛤蜊和海螺。目前已知的软体动物约有 85000 种，其中绝大多数是蛞蝓和蜗牛。

软体动物有柔软的身体，也可能有一个明显的保护壳或双壳。那些只有一个壳的是腹足动物。蛞蝓就属于这一类，因为它们是从贝壳类祖先进化而来的，有些仍然有一个小的内壳。双壳类软体动物包括贻贝和海扇等。由分泌物形成的碳酸钙外壳为动物的柔软身体提供保护。壳的存在也使得陆生蜗牛可以生活在非常干燥的地区，因为蜗牛可以缩进壳里，封住开口，以保护自己免于干燥。然而，陆生蛞蝓只能生活在潮湿的地区。

软体动物有各种不同的摄食、喂养和移动方式。落潮时，某些种类的帽贝就待在它们的“裸岩之家”上，暴露在空气中。涨潮时，潮水淹没它们，它们开始利用足部肌肉，在附近的岩石上非常缓慢地移动觅食（用它们圆润而

蜗牛解剖图

壳
肝
肺
胃
肾
外套膜
心脏
肛门
呼吸孔
眼
触角
足
脑神经节
唾液管
口
足腺
阴茎
阴道
生殖孔
嗉囊（食道的一部分）
唾液腺

下页下方左图 有些蛞蝓在半空中交配——缠绕在一起，悬挂在线状黏液上。两个个体在交配时都会外翻生殖器官。

下页下方右图 藻类海蛞蝓能够进行光合作用，这要归功于它所吃的藻类所含的叶绿体。它与众不同的脸部特征为它赢得了“叶羊”的绰号。

左图 砗磲的寿命可达 100 多年，身长可超过 1 米。

粗糙的口去刮岩石上的藻类）。随着潮水退去，它们又返回裸岩之家。相比之下，扇贝可以在开阔水域游动，它们拍打着自己的两个壳，吸进水，然后喷射出去，以获得推力。像其他双壳贝类一样，它们是滤食动物，从水中摄取食物颗粒。

石鳖和裸鳃海蛞蝓是生活在海床和珊瑚礁上的色彩斑斓的海生软体动物。石鳖的外壳是由壳板组成的，既可提供保护，又能蜷缩起来。大多数石鳖以藻类为食。裸鳃海蛞蝓身体柔软，身上常覆盖着灵敏的触手。它们是食肉动物，有些可以“偷走”它们吃掉的水螅和海葵的刺细胞，并用刺细胞来自卫。有些种类的海蛞蝓在动物中很独特，因为它们可以进行光合作用——它们吃海藻，并把海藻的叶绿体整合到自己的身体组织中。

软体动物通常雌雄同体，进行有性繁殖。每个个体都产生雄配子和雌配子，当配对交配时，每个个体都为对方提供精子以使其卵子受精。除了拥有先进的生殖系统外，这些动物还拥有相当复杂的内部器官和发达的感官，以及类似大脑的结构（神经节）。

// 软体动物——头足类

大多数软体动物行动相当缓慢，但有一种例外，即头足类动物。头足类动物不仅在水中行动快速、灵活，而且表现出相当高的智商——被普遍认为是所有无脊椎动物中最聪明的，包括鱿鱼、章鱼、墨鱼和鹦鹉螺等。

全世界现存大约 800 种头足类动物，都属海生动物。其中鹦鹉螺是唯一有外壳的，其他的只有内壳（例如乌贼的“海螵蛸”），或者根本没有壳。“头足类动物”这个名字的意思是“头上长脚的动物”，因为这类动物的口周围通常有长而突出的触手，这些触手在一些章鱼身上起到行走的脚的作用。

头足类动物是食肉动物。有些会主动追逐猎物，有些则是伏击捕食者（依靠伪装、隐身和快速攻击来捕食猎物）。它们用触手捕捉猎物，触手上有吸盘，提供抓力——接触猎物时，它们会收缩身体，挤出吸盘和猎物之间的水分，形成真空。每个吸盘都由一个神经节单独控制，就像一个微型的大脑。一旦捕捉到猎物，头足类动物就会把猎物送到口（在

鱿鱼外部结构图

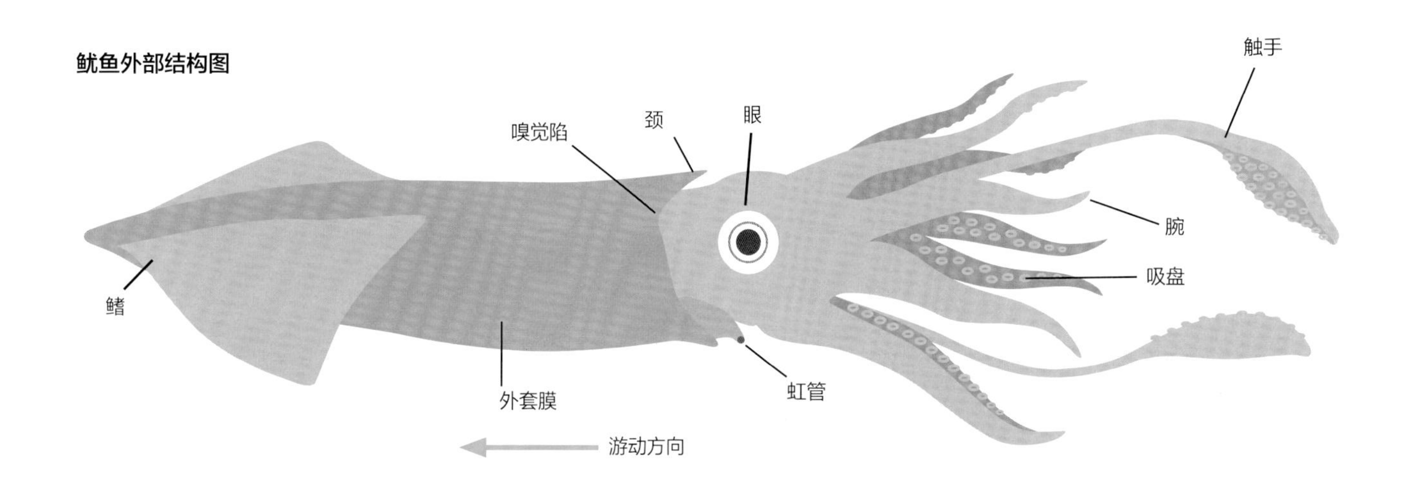

内部解剖图

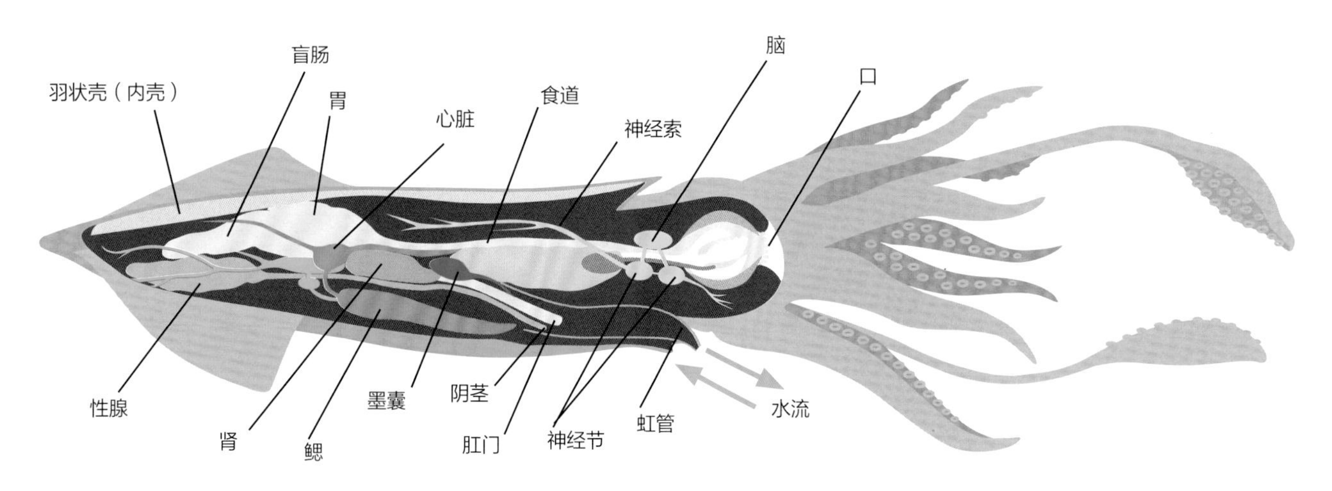

触手的中央）中。头足类动物的口具有一个坚硬的喙状物，咬伤猎物后会分泌剧毒毒液——蓝环章鱼的毒性非常强，尽管蓝环章鱼体型很小，但它们是地球上最危险的动物之一。

大多数头足类动物有大而突出的眼睛和发达的视觉系统。它们利用视觉信号进行交流和伪装。它们皮肤上的特殊细胞（色素细胞）允许它们以惊人的速度和极高的准确度改变肤色。雄性乌贼在求偶时，身体面向雌性的一侧会显示出明亮的颜色，而另一侧则会显示出暗淡的伪装图案。有些头足类动物还会发光。

章鱼通常行动缓慢，长时间生活在海底。为了躲避捕食者（和危险），它们会把自己挤进角落和缝隙中，或者钻进沙质海床中。鱿鱼更擅长快速游动，它们身体两侧的鳍可以提供缓慢的推力。为了快速移动，它们使用喷气推进原理，将水吸入体腔，然后将其喷出。如果它们正在躲避捕食者，水可能会伴随着肛门附近的腺体分泌的黑色墨汁一起喷出，这会形成一片乌云，遮住逃跑的鱿鱼。

有些头足类动物体型很小，但巨型鱿鱼大王酸浆鱿是世界上最大的无脊椎动物之一。这一深海物种鲜为人知，但是在南大洋发现的大王酸浆鱿，据信重量超过 600 千克。在科学界已知的许多已灭绝的头足类动物中，有壳的菊石（外观与鹦鹉螺相似）与恐龙同时期灭绝。菊石化石是地球上数量最丰富的化石之一。

上图 蓝环章鱼体型非常小，但极其危险——如果被叮咬，可能会身中剧毒，其毒素能在几分钟内杀死一个人。

左图 鹦鹉螺由于被过度捕捞而受到威胁——它们美丽的螺旋状外壳被视为珍贵的装饰品。

// 线虫动物

地球上的线虫动物数量巨大，种类繁多，但普通人对它们知之甚少。当我们给我们的宠物猫或狗做驱虫治疗的时候，我们可能才会想到它们。然而，许多线虫动物并不是寄生虫，而是可以自由生活，在地球表面潮湿的表层土壤和水下，几乎每一寸土地都有线虫动物生活。

线虫动物个体数量庞大，如果把我们这个星球上所有的动物个体加起来，其中大约 80% 是线虫动物。有人说，如果除了线虫动物以外，地球表层土壤中的所有固体物质都被带走，那么线虫形成的薄层仍然可以清楚地反映地貌的每一个细节——甚至其他动物的行踪也可以由寄生于它们体内的线虫动物来确定。数量如此丰富的线虫动物对生态具有重要意义。

绝大多数线虫动物体型小，呈圆柱形，大多数自由生活的物种个体长度为 0.1 毫米到 2.5 毫米。有些寄生物种个体可能很大，长度甚至超过 1 米。线虫动物的身体外部通常有刚毛或环，但是它们不像环节动物（如蚯蚓）那样显示分节。虽然它们看起来是圆柱形的，但实际上它们的身体是两侧对

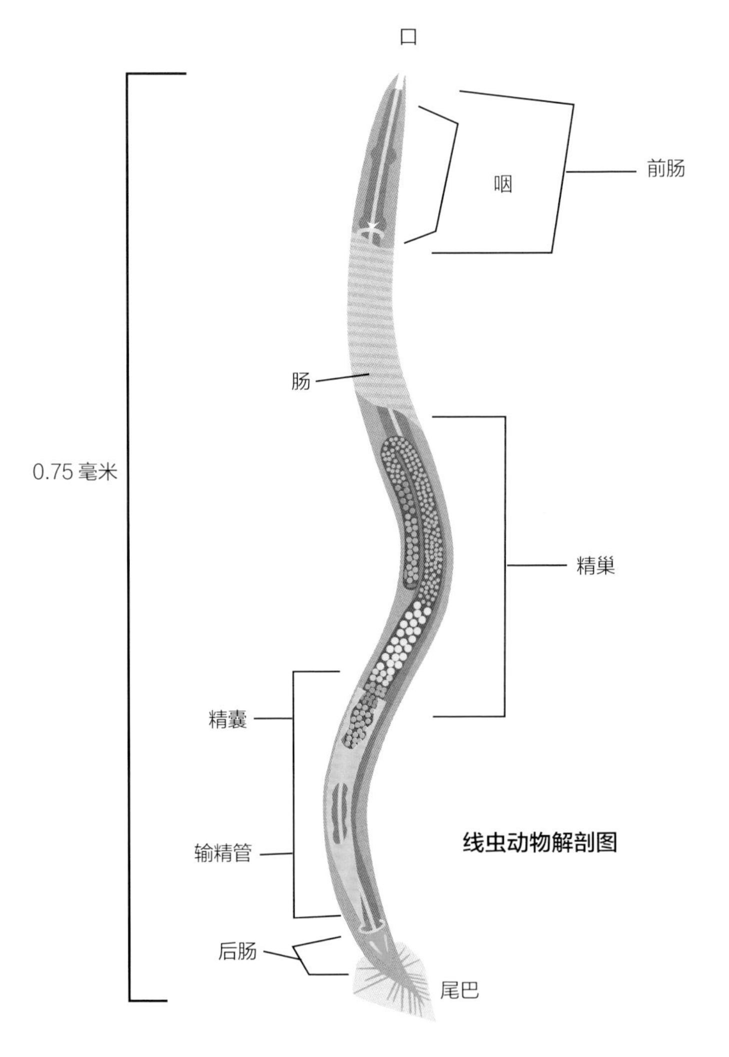

线虫动物解剖图

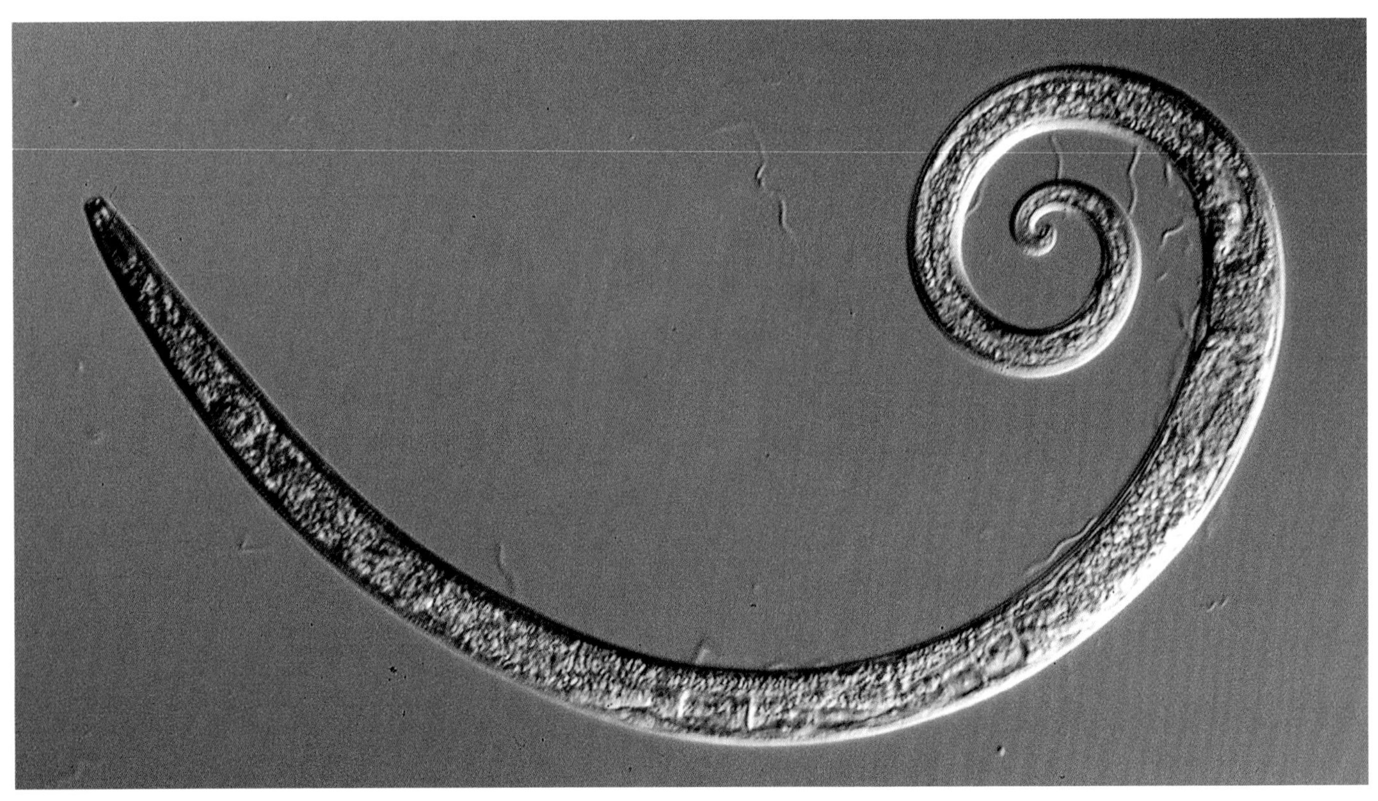

左图 根结线虫寄生在植物的根部，导致虫瘿的形成，并吸干植物的养分。有些物种可能是严重的农作物害虫。

称的。它们中的大多数物种都有独立的雄性和雌性个体，并进行有性繁殖——在某些情况下，受精卵在雌性体内发育和孵化，然后幼虫再吃掉母虫的身体。

线虫动物的感觉系统尚处于初级阶段——刚毛提供触觉，头部末端的结构起着嗅觉或味觉器官的作用，但大多数线虫动物似乎不具备感知光线的能力。它们的消化系统也相当简单，没有明显的胃，只有一个直管状的肠道，通过沿其肠道的一层细胞吸收营养。口用于吸吮，在许多情况下也有一个锋利的口针，口针可以用于在食物上穿孔，用作一种饮用吸管。有些线虫动物以较小的动物甚至细菌为食（将它们整个吞下），而另一些则寄生于活的动物、植物或真菌体内。许多寄生物种具有宿主特异性，可能需要不止一种宿主来度过它们的生命周期。有些种类的线虫动物在园林和农业中被用作生物防治物，以攻击和消灭农作物害虫。

人类体内有30多种线虫动物，包括钩虫、蛲虫和鞭虫等。它们通常并不危险，但会引起不适。犬心丝虫通过其中间宿主——某几种蚊子的叮咬进入其哺乳动物宿主体内。进入哺乳动物宿主体内后，它们会生活在宿主心脏和肺动脉的右侧。其最常见的哺乳动物宿主是家犬，如果不及时治疗，感染犬心丝虫可能会致命。

上页下图 线虫动物结构相对简单，但是它们在全球范围内数量巨大，这表明结构简单并不是进化成功的障碍。

右图 疲惫是家犬感染犬心丝虫的症状之一。通常在症状出现的时候就可确定感染，但是预防性药物已经被广泛使用。

节肢动物——种类最多的无脊椎动物

到目前为止，我们提到的大多数动物都生活在水中，它们通常会游动或者摆动。而节肢动物的伟大进化——刚性、带关节的腿，使它们能够以一种全新的方式移动固定物体。它们能走，能跑，能爬，能跳。不仅如此，有一类节肢动物还进化出了飞行能力。难怪它们是所有无脊椎动物中最常见、最显眼的。

节肢动物的身体是一个由同型体节组成的系统。每一节都包含自己独立的（虽然相互连接）一套“设备”，包括肌肉和神经节或神经束。每一节也都有一对分节的附肢，每一个附肢都有一条有关节的腿和一个羽毛状的鳃。在最简单的节肢动物中，各体节、各附肢都非常相似。例如，已经灭绝的三叶虫是简单的水生节肢动物，它们的化石显示了从头到尾看起来非常相似的体节的简单结构。在最近进化的节肢动物中，身体体节可能经过了高度进化。例如，陆生昆虫

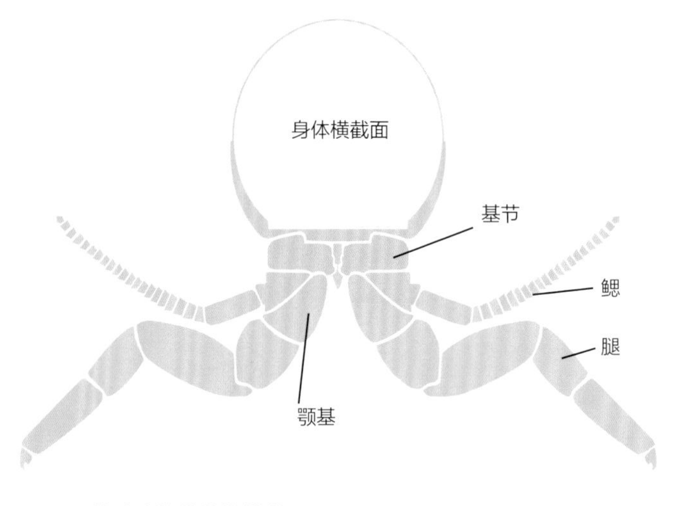

节肢动物体节的横截面

下图 三叶虫化石清楚地显示了节肢动物相似的分节形状和附肢的特征。

右方上图 马尔三叶形虫是一种美丽的节肢动物，在 5.05 亿年前的布尔吉斯页岩化石床中数量丰富。

右方下图 潮虫和它们海洋中的亲缘种海蟑螂都是特殊的甲壳动物，有 7 对腿和（隐藏在身体下部的）5 对鳃。

的鳃大部分都消失了，而且有关节的腿在外观上有很大的不同——它们可能会作为口、触角或生殖器官的一部分，这取决于它们在节肢动物身体上的位置。有些体节甚至根本没有附肢。不同体节在大小和形状上差异巨大，并组成不同的器官。

节肢动物门是所有动物门中物种最丰富的一个。所有被描述的动物物种中有 80% 以上是节肢动物，地球上可能有超过 500 万种节肢动物。最早的节肢动物化石可以追溯到 5.4 亿多年前的寒武纪大爆发时期，那时许多节肢动物首次出现在地球上。加拿大的布尔吉斯页岩化石床大约有 5.05 亿年的历史，保存着数量惊人的海生节肢动物的遗骸，其中许多是早已消失的没有留下任何后代的谱系的代表。

现代节肢动物包括几个人类熟悉的独特群体，其中有：螯肢动物——蜘蛛、蝎子和它们得亲缘种；多足动物——蜈蚣和千足虫等；甲壳动物——龙虾、螃蟹及其亲缘种；六足动物——昆虫和其他六足动物。所有这四个群体都包括水生生物，但也有许多完全是陆生生物。它们成功在陆地定居的关键是它们分节的身体和附肢有坚硬的外壳或角质层，这使得它们能够保持体内水分充足，同时仍然能够自由移动。然而，这也意味着，它们需要蜕皮才能长得更大。

陆生无脊椎动物从大气中获取氧气的方式限制了它们的体型，但在石炭纪时期（3.62 亿至 2.99 亿年前），地球大气层中的氧气比现在丰富得多，在这一时期出现了一些非常巨大的陆生节肢动物，其中包括 2.5 米长的千足虫和翼展 70 厘米、类似蜻蜓的昆虫。

// 蜘蛛、蝎子以及它们的亲缘种

这组螯肢动物，大部分是陆生动物。目前已知的螯肢动物大约有 80000 种，其中绝大多数是生活在陆地上的八足蛛形纲动物，包括蜘蛛、蝎子、蜱虫和螨虫等。海生螯肢动物包括海蜘蛛和马蹄蟹等。

长久以来，蜘蛛一直因它们的织网能力和毒性（少数种类分泌的毒液足以杀死一个成人）而令人类着迷和畏惧。蜘蛛通过腺体分泌蛛丝，然后通过腹部的纺器将丝挤出。它们的网可能是扁平的，具有黏性，以支撑交叉的丝，或是复杂的三维缠结。有些蜘蛛用丝做成带有黏性的球，并将球扔向猎物。有些体型较小的蜘蛛会用丝制造“降落伞”以捕捉空气，这使得它们能够长距离漂移，从而分散到新的栖息地。蜘蛛丝做成的丝绸具有韧性和弹性，并且重量轻，这是任何人造材料都无法比拟的。

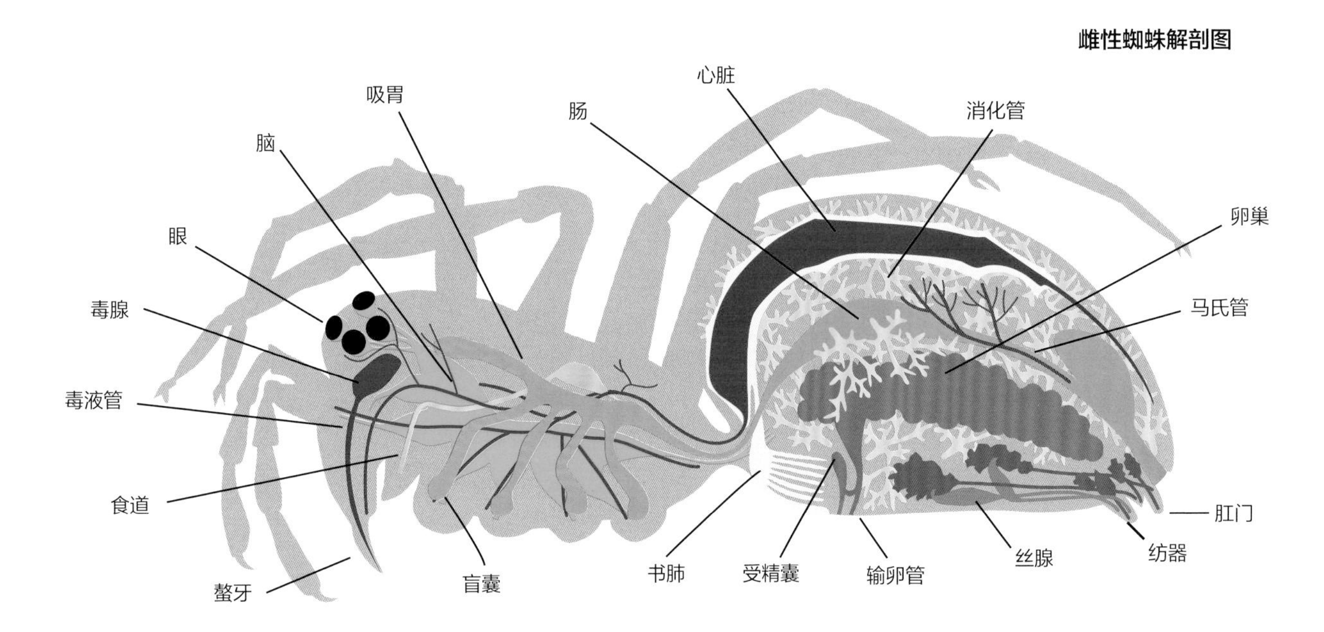

事实上，所有的蜘蛛和蝎子都是食肉动物，它们会分泌毒液，用来杀死猎物或自卫。蜘蛛通过螯牙，而蝎子通过腹部末端的螯针来释放毒液。它们主要捕食其他无脊椎动物，尤其是昆虫。虽然许多蜘蛛是伏击捕食者，但也有一些会积极地追捕猎物。

蜘蛛和蝎子感官发达，并且都表现出复杂行为。独居的生活和猎手的身份使得它们求爱和交配的过程充满了危险。雌性蜘蛛通常比雄性蜘蛛大得多，它们会杀死并吃掉那些可能成为其伴侣的雄性蜘蛛。一些雄性蜘蛛会用一些包裹得没有那么严实的食物来分散雌性蜘蛛的注意力——这样可以让雌性蜘蛛忙碌起来，雄性蜘蛛得以交配然后逃跑。当雄性蝎子和雌性蝎子相遇时，它们会面对面地表演一段求偶舞，然后雄性蝎子会把精子排在地上，雌性蝎子会通过腹部的开口吸收精子。

蜱虫和螨虫是体型较小且相对简单的螯肢动物。蜱虫是寄生虫，附着在哺乳动物、鸟类、爬行动物和两栖动物等的皮肤上，以血为食。大多数螨虫不是寄生性的，而是生活在土壤或其他动物的巢穴中，并以皮屑等为食。有时可以看到它们骑在大黄蜂和食腐甲虫等昆虫的背上，这些昆虫会带它们寻找食物来源（大黄蜂去往其满是有机碎屑的巢穴，甲虫去寻找其他动物的遗骸）。还有一些螨虫是寄生性或捕食性的。

螯肢动物还包括避日蛛和盲蜘蛛，它们都类似于蜘蛛。马蹄蟹是一种有 10 条腿、外形酷似螃蟹的海生动物，它们有大而圆的甲壳。在进化史上，它们的外表变化很小。海蜘蛛看起来像纤细版的陆生蜘蛛。它们的表面积与体积比非常高，使它们能够有效地从水中吸入氧气。海生螯肢动物像它们陆地上的亲缘种一样，也是食肉动物。

上页下图 大黄蜂背上的螨虫属携播螨类；它们把大黄蜂当作运输工具，无害地生活在大黄蜂的巢穴中，可能也会“搭便车”移动到一朵花上，然后附着在另一只大黄蜂上前往新巢穴。

上方左图 马蹄蟹被视为“活化石”，因为现代的马蹄蟹物种与其 2.4 亿年前的亲缘种的化石看起来并没有太大不同。

上方右图 蝎子幼体的脚上带吸盘，它们能吸附在母亲的甲壳上长达 25 天。

左图 跳蛛的大眼睛不仅用于发现猎物，还用于观看彼此精心编排的求偶舞。

// 多足动物

虽然多足动物的腿一般比地球上其他动物的多，但它们的名字有时仍带有一丝夸张的意味——千足虫没有1000条腿。蜈蚣的每个体节上都有1对腿，在某些情况下，这些腿加起来还不到10条，而千足虫的大部分体节上似乎都有2对腿。目前已知腿数量最多的千足虫，其完全发育时腿数可达750条，但身长只有3厘米。

世界上大约有16000种多足动物，其中大部分（约12000种）是千足虫。千足虫几乎都是陆生动物，事实上，化石记录显示的最早的陆生动物就是千足虫。多足动物亚门还包括综合纲（看起来像半透明的小蜈蚣）和少足纲（看起来更像矮胖的、没有翅膀的昆虫，只是它们的腿很多）。蜈蚣的腿通常比千足虫的更长、张开幅度更大——蜈蚣腿的跨度在某些情况下可能比身体宽得多，并且有长触角。它们跑得很快，是食肉动物，通过头上一对尖尖的特殊附肢（作用

左图 巨型千足虫看起来非常引人注目，它们性情温顺，寿命长达10年，这些特点使它们在享受异国情调的宠物饲养者中很受欢迎。

右图 球马陆（千足虫的一种）可以完全卷起身体，保护脆弱的腹部——这一特性与和其没有亲缘关系的球潮虫一样。

右图 隶属盾形目的蜈蚣腿极长，可以以惊人的速度移动。

像钳子，并且是蜈蚣所独有的）来咬伤猎物，分泌毒素，并使其丧失运动能力。被较大的蜈蚣（有些蜈蚣长达 30 厘米）咬到会非常痛苦。

千足虫通常以腐烂的植物，或者在少数情况下以活的植物和真菌为食，只有少数种类是食肉动物，而且没有一种千足虫有毒。大多数千足虫腿短，身体呈管状，移动缓慢，不像快速移动的蜈蚣那样令人担忧。巨型千足虫体长可达 40 厘米，这一非洲物种的寿命可达 7 年。像其他许多种类的千足虫一样，如果受到威胁，它们会蜷缩成一个紧密的球，保护柔软的腹部，它们表皮的毛孔中也可以分泌出一种会带来刺痛感的液体。

多足动物进行有性繁殖，有时在交配前会表现出复杂的求偶行为。蜈蚣没有直接的交配行为——雄性蜈蚣储存精子，雌性蜈蚣收集精子。雌性蜈蚣在交配后可以产下多达 300 枚卵，然后抱卵孵化。随着幼体一次次蜕皮，它们会长出更多的体节以及更多的腿，直到它们发育为成体。

雄心勃勃的猎手

最大的蜈蚣可以杀死小型鸟类、哺乳动物、爬行动物、两栖动物，以及昆虫和其他无脊椎动物——南美物种秘鲁巨人蜈蚣生活在蝙蝠栖息的洞穴中，并悬挂在洞穴顶上捕捉飞过的蝙蝠。大多数蜈蚣并没有特定的饮食习惯，它们会吃任何它们能捕捉到的东西。

左图 只要看一眼蜈蚣的尾部（它的毒刺令人印象深刻），你大概就会发现它是一种适应能力很强的捕食者。

// 甲壳动物

与大多数其他种类的节肢动物不同，大多数的甲壳动物仍然是水生的，尽管有一些已经适应了陆地生活。螃蟹和龙虾的主要移动方式是爬行，许多螃蟹可以长时间暴露在户外，快乐地生活——有些几乎完全是陆生的，尽管它们通常不得不生活在潮湿、隐蔽的环境中，以防止身体失去太多水分。其他一些较小的甲壳动物擅长游动，而不是爬行，螃蟹和龙虾的幼体也是如此。各种微小、会游动的甲壳动物是浮游动物的重要组成部分，在海洋和淡水生态系统中非常重要。

世界上大约有 67000 种甲壳动物。其中许多都很小，在显微镜下才能看到，但是这个群体还包括体重超过 4 千克的大椰子蟹（椰子蟹是现存最大的陆生节肢动物），以及甘氏巨螯蟹（腿长可达近 4 米）。像其他种类的节肢动物一样，甲壳动物有分节的身体和有关节的附肢（通常有鳃和腿）。腿的数量是可变的——螃蟹、龙虾和它们的亲缘种，有真正意义上的 10 条腿（因此属于十足目）。

大多数甲壳动物都是食腐动物，以死亡或腐烂的动植物为食。螃蟹和龙虾的强有力的爪子主要是用来自卫的，虽然它们也可以用来显示统治地位，以及与同类的其他物种进行领地争夺。少数甲壳动物是寄生的，如鱼虱（与陆生虱子无

上图 雄性招潮蟹守卫着一个洞穴筑巢，并通过在空中挥动它的大螯来吸引雌性。

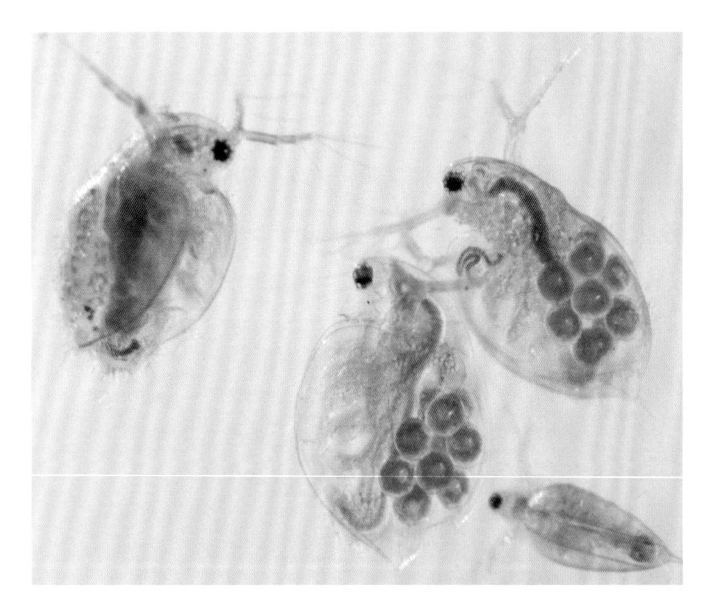

上图 水蚤是微小的甲壳动物；它们之所以被称为“水蚤”，是因为它们的游动方式不稳定，它们运动时由超大触角提供动力。

右图 寄居蟹的身体柔软、无外甲且不对称，它们会蜷缩在它们选择的保护壳中。

亲缘关系，因为陆生虱子是昆虫）。小型甲壳动物藤壶一开始是自由游动的幼虫，但是一旦发育成熟，它们就会固着在岩石或其他结构上，并在周围分泌一层碳酸钙保护壳。

当不主动寻找食物或配偶时，螃蟹和龙虾倾向于躲藏在隐蔽的缝隙中，或者把自己埋在柔软的海底。寄居蟹可以找到便携式的庇护所，通常是腹足纲软体动物的空壳，这些壳必须足够大，使它们能够完全缩入壳内。随着它们的成长，

上图 多刺龙虾以其长距离季节性迁徙著称，它们排成长长的队伍在海床上爬行，通过感应地球磁场来导航。

它们需要找到更大的庇护所。为了交配，它们也需要至少露出部分身体。甲壳动物主要进行有性繁殖——对于营固着生活的藤壶来说，这意味着需要进行自然界中最大的（相对于其身体大小）雄性附肢的进化，这样它们才可以在无须移动的情况下与邻近的藤壶交配。

长途跋涉

许多种螃蟹的交配活动是集体进行的。因为它们的卵是其他许多动物的食物，所以一次性排出大量卵可以提高很大一部分幼体的生存机会。生活在陆地上的圣诞岛红蟹每年一次迁徙到海滩上受欢迎的繁殖地，有时成群结队的迁徙会阻断岛上的交通。雄性挖洞并保护洞穴，雌性在里面产卵并保护它们的卵。多刺龙虾也以迁徙著称，当季节变化要求它们迁移到新的觅食地时，它们会排成长长的单行队列在海床上行走。

左图 圣诞岛红蟹每年都会集体迁徙到海滩上的繁殖地，从而造成岛上交通中断。

// 昆虫概览

无论你现在在哪里，你离许多昆虫都不远。大部分昆虫居住在陆地上，多数是有翅膀的节肢动物，它们也许是所有动物物种中最成功的陆地“移民”。科学界已知的昆虫物种超过 100 万种，并且至少还有 100 万种（可能更多）没有被发现和命名。

最早的昆虫可能生活在 4.2 亿年前，有翅昆虫的化石可以追溯到 4 亿年前。它们很可能是由甲壳动物进化而来的。它们的多样性在石炭纪时期大幅度增加，当时地球上出现了第一片森林，大气的高含氧量使得陆地更适合在空气中呼吸的动物生存。

现代昆虫的特征是有 6 条腿、1 对触角、复眼（由许多自成一体的感光单位，即小眼组成）和分节的身体，身体分为头部、胸部和腹部三部分。还有一些有 6 条腿的节肢动物并非总是被认为是真正的昆虫（比如弹尾虫和缨尾目昆虫）。

根据昆虫的生命周期，它们被分为两大类。不完全变态发育的昆虫经历了不完全变态发育过程。它们的未成熟形态通过定期蜕皮变得更大，在最后一次蜕皮时，它们的成体形态（具有成熟的生殖器官，在某些情况下还有翅膀）浮现出来。完全变态发育的昆虫会进行完全变态发育，在幼虫和成熟的有翅成虫之间有一个蛹期。

下图 完全变态发育的昆虫在其生命周期中会发生巨大变化，而不完全变态发育的昆虫通常只会变得更大，在最后一次换羽后长出翅膀和性成熟。

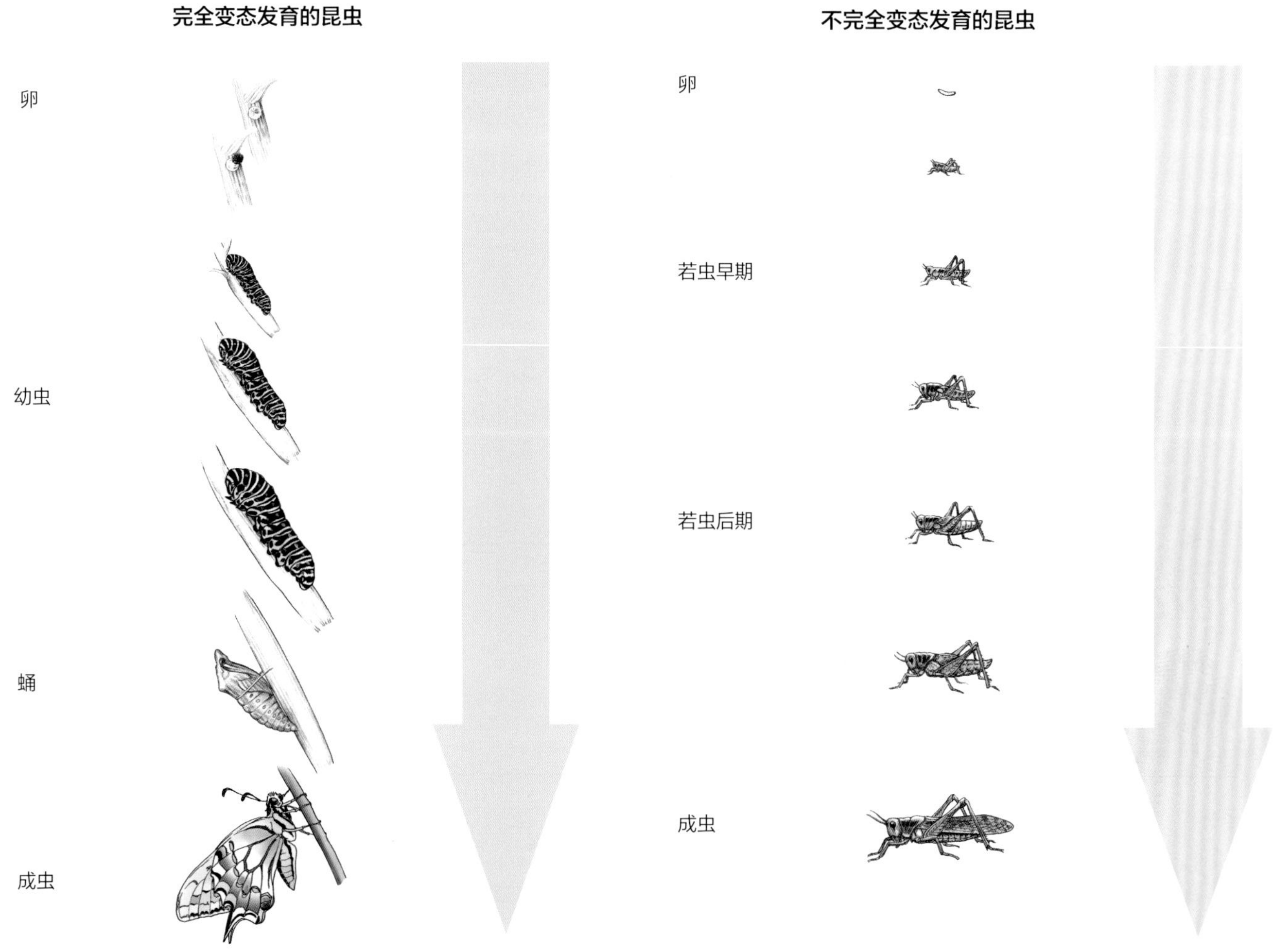

完全变态发育的昆虫

卵

幼虫

蛹

成虫

不完全变态发育的昆虫

卵

若虫早期

若虫后期

成虫

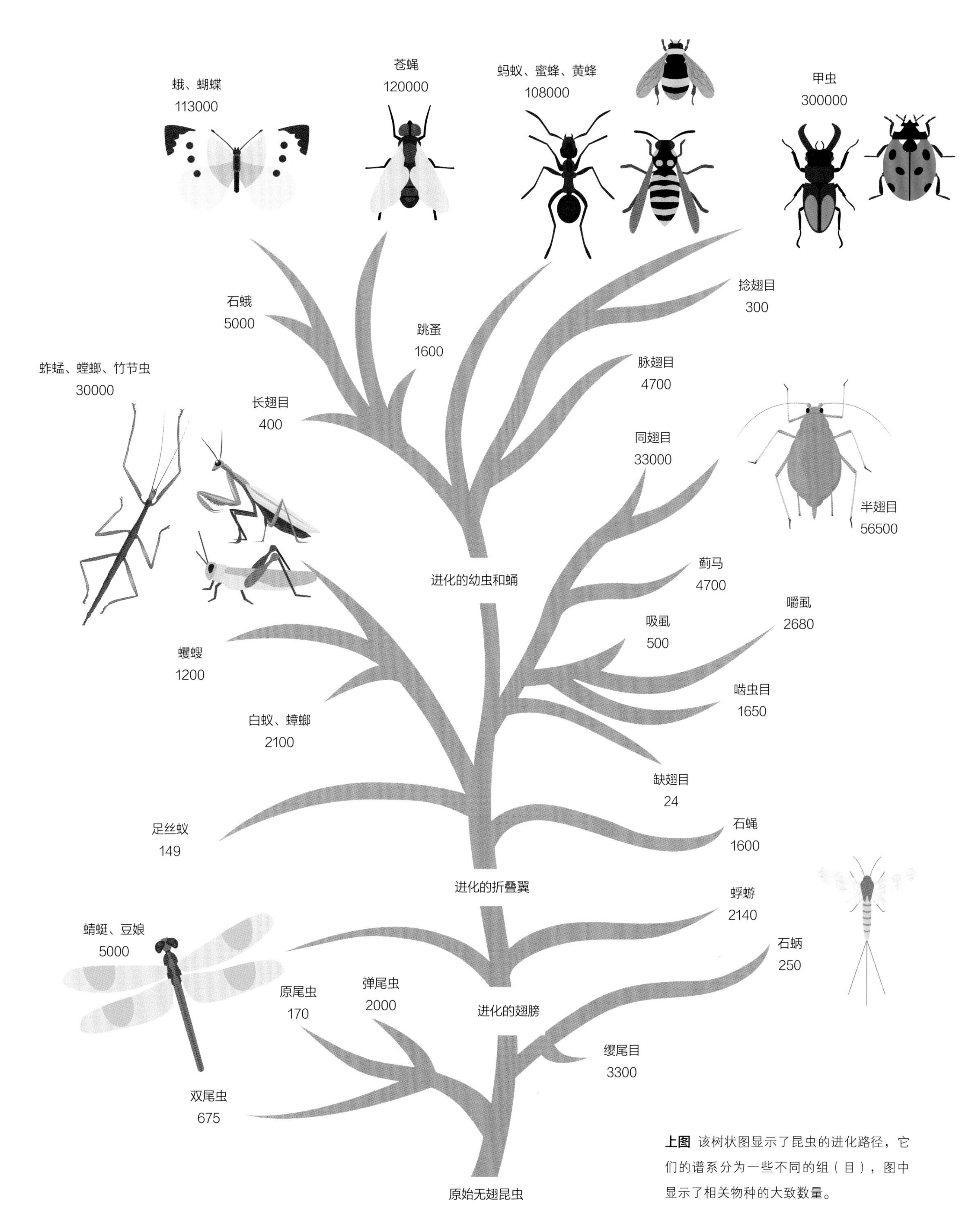

上图 该树状图显示了昆虫的进化路径，它们的谱系分为一些不同的组（目），图中显示了相关物种的大致数量。

// 昆虫——植食者与食腐者

地球上的大多数昆虫都是以植物为食的，它们摄食的方式因它们的口器结构而异。蝴蝶和蛾类的幼虫有简单的颚，主要吃树叶。较大的幼虫会把叶子较软的部分完全咬掉，而较小的幼虫实际上生活在叶子的上下表面之间，吃掉叶子中间的组织，并留下一条条透明的通道。随着它们的生长，通道会变宽。半翅目昆虫的口器为刺吸式口器，并且只吃流食。许多半翅目昆虫是以植物为食的，例如，蚜虫是真正的植食性昆虫，它们通过刺穿植物的茎摄取植物汁液。一些甲虫幼虫有足够强壮的颚，可以咬穿实木。植食性昆虫可以是“杂食者”，也可以只以一种特定的植物为食。

植物并不想被昆虫或其他动物吃掉，它们进化出了防御机制，包括在细胞中储存有毒物质。这通常会对植食性杂食者造成阻碍，但你经常会发现某种或某几种昆虫已经适应了食用

左图 白蚁和大象都是非洲稀树草原景观的重要部分，不过，它们的生存方式截然不同。

下图 蟑螂对人类来说是非常不受欢迎的“房客”，尽管其中大多数物种的危害很小。

有毒植物，甚至将摄入的毒素转化为自身的优势。例如，朱砂蛾的幼虫食用千里光，并将其毒素储存在自己体内，因此朱砂蛾幼虫也是有毒的，而且对其捕食者来说味道不好。当它们发育为成虫时，毒素会留在成虫体内。朱砂蛾幼虫和成虫都有明亮的警告色，这有助于提醒任何吃了朱砂蛾的捕食者——不要再这样做了。

许多昆虫以它们碰巧发现的无生命的有机物为食。这些动物可以被称为“食腐动物”，尽管这个称呼往往与那些摄食动物遗骸的动物联系更紧密。更准确的称呼应该是“食碎屑动物”——以有机碎屑为食的动物，不管它们来自哪里。像陆地上的许多甲虫、蠼螋和蟑螂，以及水中的蜉蝣、石蝇

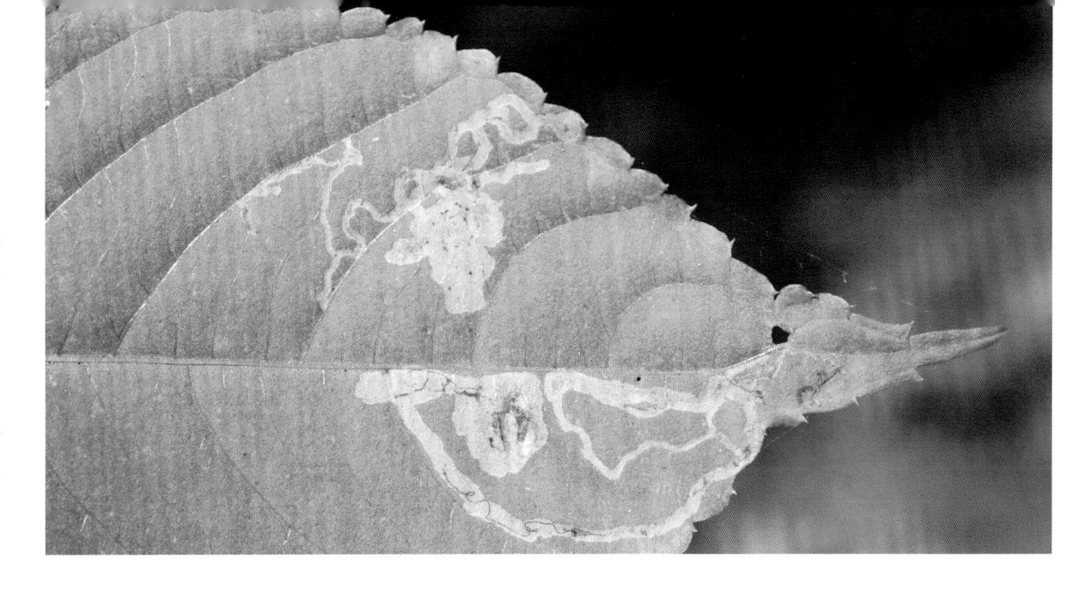

右图 几种昆虫幼虫摄食叶子外表面蜡质层之间的叶肉组织，叶子仿佛成了“叶矿”。

下图 壮观的半翅目蜡蝉，发现于中美洲和南美洲，以树木汁液为食。

和石蛾的幼虫等，都是大自然的废物处理者，它们将营养物质循环利用起来，使之成为其他生物可以利用的形式。

对于人类来说，以植物为食的昆虫可能带来很大的问题。园丁经常与蚜虫作战；在世界的某些地方，蝗虫数量的激增可能导致毁灭性的饥荒。当我们开垦一片土地，种植一些我们想要收获和消费的特定作物时，我们也为任何喜欢吃这种作物的昆虫准备了可以吃到饱的自助餐，这些昆虫可以大量繁殖，其种群密度可以发展到在有多种植物的自然环境中你永远无法观察到的程度。基于这个原因，我们已经开发出了强力的杀虫剂，但是这些杀虫剂在杀死了“坏的”昆虫的同时，也杀死了“好的”昆虫，并且对整个生态系统造成了严重的连锁反应。如今，虽然我们已经意识到用不那么极端的方法来控制农作物害虫的重要性，但是过度使用杀虫剂仍然是全球野生动物面临的一个重要问题。

// 昆虫——传粉者

像所有其他动物一样，昆虫为了生长和发育也需要摄入蛋白质，但植物组织并不总是含有丰富的蛋白质。这就是一些以植物为食的昆虫胃口如此贪婪的原因之一。然而，植物的一部分——由花产生的花粉，含有丰富的蛋白质，并且携带着雄性生殖细胞。许多昆虫喜欢摄取花粉，在这种情况下，它们的行为可以使植物受益。部分植物花朵需要把花粉传播到其他花朵上，因为这是它们形成种子和进行繁殖的方式。很多的原始植物依靠风来完成这个过程，但是昆虫可以提供一种更加精确和有效的替代方案。因此，花朵和传粉昆虫之间形成了一种合作关系。

从表面上看，植物与传粉昆虫之间的关系很简单。大多数有花植物都进行有性繁殖，大多数花都有雄性和雌性生殖器官。传粉昆虫“拜访”花 a，从雄蕊（雄性生殖器官）上获取花粉，然后转移到花 b 的雌蕊（雌性生殖器官）上。传

上图 蜜蜂（包括野生物种和家养物种）作为传粉者的重要性，引起了动物保护组织强烈的兴趣。

下图 高糖饮食使蜂鸟鹰蛾成为新陈代谢率最高的动物之一。

左图 并非所有传粉者都是昆虫。与传粉蜂鸟共同进化的植物通常具有下垂的花朵，蜂鸟可以在飞行中轻松获取这些花朵的花蜜。

秘密谈话

当我们仔细观察花朵的结构、颜色和图案时，我们会注意到许多适应性变化，这些变化是由它们与传粉昆虫的关系引导的。在昆虫眼睛可见紫外线的照射下，花朵呈现醒目的图案，引导昆虫找到分泌花蜜的蜜腺。花朵的形状允许昆虫在接触带有花粉的雄蕊时获取花蜜，它们的气味也会吸引一定距离以外的传粉昆虫。植物甚至可以对传粉昆虫做出实时反应：一些花朵在“听到”（通过花瓣的振动）大黄蜂翅膀发出的嗡嗡声时，会产生额外的甜蜜花蜜。

粉昆虫可能会吃掉一些花粉，但花会产生足够的花粉。许多花也为传粉昆虫提供了额外的食物来源——花蜜。这种甜蜜的液体只是用于吸引传粉昆虫，有些传粉昆虫（如蝴蝶和蛾）根本不想要花粉，只想要花蜜。任何造访花朵的昆虫，无论出于什么原因，都是潜在的传粉者。我们首先想到的传粉者可能是蜜蜂，但黄蜂、食蚜蝇、甲虫、蝴蝶和蛾等也是重要的传粉者。

传粉昆虫是生态系统的重要组成部分，因为它们帮助植物繁殖（这也为许多以水果和种子为食的动物提供了食物）。许多植物都是一年生植物，只能活一年，如果不能每年繁殖，它们就会死亡。传粉昆虫还可以通过帮助相距较远的植物传粉来提高植物的遗传多样性。并非所有主要的传粉者都是昆虫，例如，有些植物靠蜂鸟传粉，有些则靠蝙蝠传粉，但毫无疑问，如果没有传粉昆虫，我们所知的陆地上的生命可能将无法继续生存。

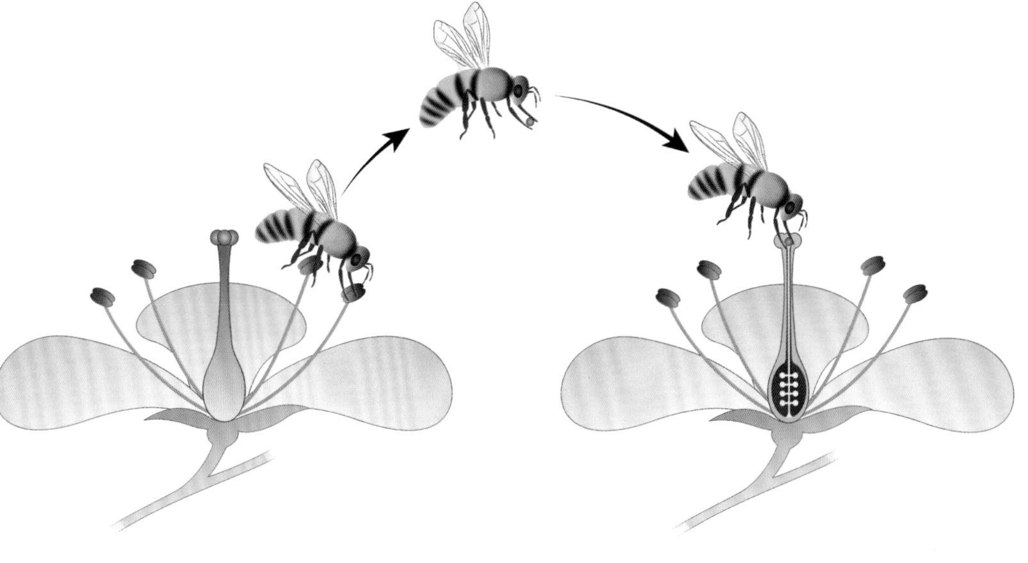

右图 当传粉昆虫从一朵花移动到另一朵花时，它无意中用第一朵花的花粉使第二朵花受精。一些昆虫会食用花粉，但它们的体毛会黏附很多的花粉颗粒供花朵使用。

// 昆虫——捕食者

捕食者有各种各样的形状和大小，其中一些进化得最成功的和最具毁灭性的可以在昆虫世界里找到。不同种类的昆虫进化出了多样化的捕食习性和捕食策略，可以与你在高等动物身上看到的相关特征媲美。

植物和食草动物之间的斗争由来已久——植物进化出了更强的防御能力，食草动物进化出了克服这种防御能力的方法。捕食者和被捕食者之间也是如此——随着时间的推移，它们都在进化，动物的个体之间也无时无刻不在进行激烈的斗争，捕食者努力捕食，而被捕食者则试图逃跑。通常，一种昆虫的猎物是另一种昆虫，但是有些昆虫体型大，移动速度快，强壮到足以杀死小型脊椎动物。

一些捕食者纯粹依靠速度和力量来追上并击倒它们的猎物。在昆虫世界里，这包括飞行速度很快的蜻蜓和奔跑速度很快的虎甲。其他的则是伏击捕食者，它们躲藏起来，等待猎物

下图 一只令人惊叹（而且伪装得非常好）的花螳螂正等着一只爱花的昆虫落入它的怀抱。

左图 豆娘是主要的捕食者，体型较大的豆娘会毫无顾忌地猎杀体型较小的同类。

下图 这群蝽卵受到寄生黄蜂的攻击，黄蜂会将自己的卵产在蝽卵内。

出现，然后进行高速攻击。螳螂就是这种令人印象深刻的捕食者。它们具有极强的伪装能力和耐心，可以连续几个小时在植物上静等，直到猎物靠近。蚁狮幼虫会在松软的沙地上挖一个圆锥形的陷阱。当昆虫游荡到陷阱里时，它们会下滑，并被藏在坑底的有巨颚的蚁狮幼虫抓住。

大多数捕食昆虫都有强壮、有时还带有倒刺和尖刺的前腿，用以抓取猎物。未成熟形态的蜻蜓有一个显著的替代品：下唇（口器的一部分——你可以把它想象成下颚），可以刺穿并抓取猎物。捕食昆虫在开始吃它们的猎物之前很少杀死猎物——只要它们能合理地保持猎物无法动弹，这就没有必要。

尽管黄蜂会用它们的螯针来帮助制服猎物，但它们是为了喂养它们的幼虫，而不是自己。群居的黄蜂和大黄蜂会咬掉猎物的翅膀和腿，然后把猎物带回巢穴。一些独居的黄蜂会先用螯针麻痹猎物，然后把它们带进自己产卵的洞穴。在黄蜂幼虫孵化时，瘫痪的猎物会为它们提供新鲜的肉。其他独居的黄蜂则直接在猎物（比如毛虫）活体内产卵，其幼虫在猎物活体内发育，并继续存活——只有当幼虫成熟并破茧而出时，猎物才会死亡。

这些独居的黄蜂被称为拟寄生物——它们生活在活的宿主体内，最终杀死宿主。那些以宿主为食，但不一定能杀死或者严重伤害宿主的昆虫被称为寄生虫。蚊子吸食宿主的血液，跳蚤也是，但是它们会在宿主体内长期存活。大多数虱子生活在宿主身上，例如，许多鸟类携带着数量可观的羽虱。

昆虫的生态学及经济意义

昆虫的数量如此之多，它们几乎生活在地球上的每一个栖息地，所以昆虫对于地球上的其他生物（包括人类）来说是非常重要的。如果我们用生物量来衡量地球上的动物，昆虫和其他节肢动物占了其中的 46.3%，尽管昆虫的平均重量只有 1 毫克至 4 毫克。

社会性昆虫，尤其是蚂蚁，对当地的生态系统有着特别大的影响。蚂蚁的巢穴可能很大，有时还互相连通，形成“地下城市”，其中最大的（位于日本北海道）包含 4.5 万个巢穴，居住着约 3.07 亿只蚂蚁，占地约 271 万平方米。蚂蚁既是食肉动物，也是食腐动物，甚至是“耕种者”——它们保护蚜虫免受其他食肉动物的伤害，并以蚜虫分泌的蜜露为食。群居蜜蜂组成了庞大而高效的传粉者群体，它们既是食草昆虫的捕食者，又是多种花卉的传粉者，对农业生产具有重要的积极影响。热带稀树草原上的白蚁丘实际上改变了当地地貌，提供了高质量的土壤“岛屿”，支撑着周围乡村的不同的植物生命（以及相关的动物生命）。

昆虫也是其他动物的食物。超过一半的鸟类以食虫为主，

在爬行动物和两栖动物中，食虫物种的比例也很高。昆虫的出现和分布是生态系统中高等动物数量的准确预测指标，昆虫的大规模减少将很快导致某些脊椎动物种群（甚至包括顶级捕食者）的大规模衰退。在 20 世纪 60 年代和 70 年代，当致命的杀虫剂滴滴涕被广泛应用于农业时，最引人注目的后果之一是猛禽数量的大幅下降。这不仅是因为它们的猎物数量正在减少，还因为杀虫剂通过食物链传递，所以整个生态系统都被污

上图 通过向作物喷洒广谱杀虫剂来大规模杀虫可能造成巨大的生态灾难。

左图 蚂蚁联合起来形成一座“活桥”，这展示了团队合作如何让它们拥有了其他昆虫可能无法获得的机会。

上方左图 在东非，红黄相间的拟啄木鸟经常在白蚁丘内筑巢，它们用它们强壮的喙挖洞。

上方右图 世界上有超过一半的鸟类是食虫的，它们每年吃掉大约 4 亿吨昆虫。

染了。

以农作物为食的昆虫可以对经济造成毁灭性影响，甚至造成致命的食物短缺，但是其他昆虫可以拯救我们。生物防治包括利用农作物害虫的天敌（其中包括寄生蜂）来对付它们。许多食草昆虫有一种或多种寄主特异性寄生蜂天敌。在自然条件下，一些食草昆虫的数量呈现出明显的周期性波动——当它们的数量急剧增多时，它们的寄生性天敌的数量也会如此，从而使它们的数量迅速回落。这种自然过程可以非常有效地控制特定害虫，也可以使得人类免受大量杀虫剂的使用带来的巨大附带损害。

众所周知，我们依赖于传粉者生存。世界上大约 80% 的有花植物（包括大部分的农作物）靠传粉者传粉，而这些传粉者绝大多数是昆虫。我们不能忽视这一点，我们必须照顾好我们星球上的昆虫。

动物生物量：25.89亿吨碳（占总生物量的0.47%）

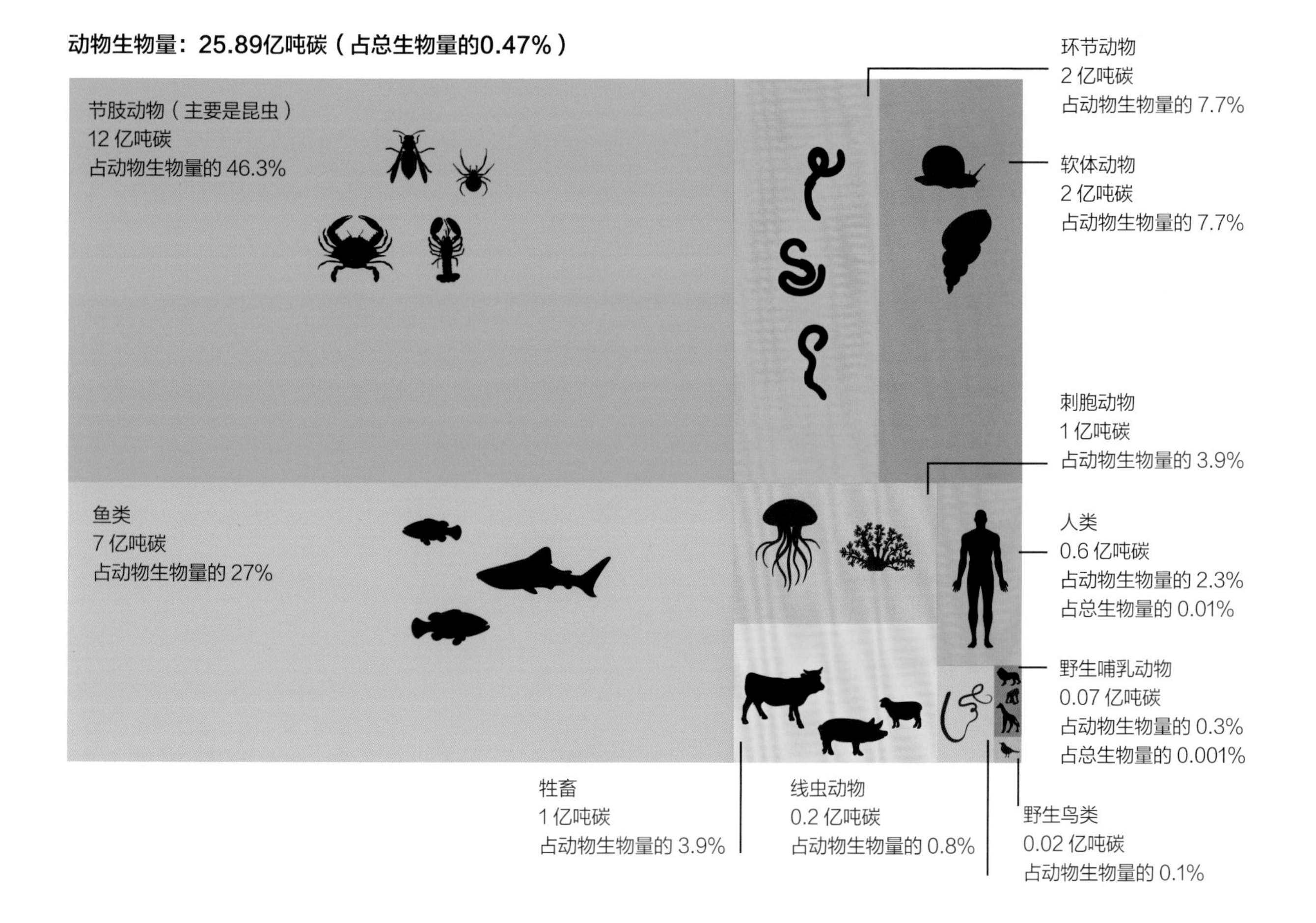

// 环节动物

如果你花了很多时间观察自然界，你可能不会因发现我们星球上的昆虫生命是如此丰富而感到惊讶。毕竟，尽管昆虫体型较小，它们还是相当引人注目的。世界总生物量的另一个相当大的部分来自不那么显眼的环节动物。

你最熟悉的环节动物可能是蚯蚓，一种长而纤细、身体分节的穴居动物。它们生活在土壤中，在土壤中穿行，吞食土壤，并消耗各种有机物，进而改良土壤的物理化学性质；它们的消化系统发达，土壤中难以消化的部分会以蚯蚓粪的形式排出。在这个过程中，它们使土壤透气，并使土壤中的矿物质更容易为植物根系所利用。它们对地下生态系统的重要性不亚于地表的昆虫，同时也是其他许多物种的重要食物来源，包括许多穴居的脊椎动物，比如鼹鼠。

另一类环节动物是沙蚕，它们是生活在海洋中的食腐动物或食肉动物。它们的名字来源于它们身体两侧的长腿状突起，这使得它们看起来有点像磨损的布片。其余的环节动物包括各种类型的蠕虫，其中包括在海滩淤泥和沙子中大量存在的沙蠋，沙蠋的体表具有独特的次生环轮。沙蠋是沿海鸟类的重要猎物，渔民也大量收集这种动物作为鱼饵。

下图 虽然我们看不到所有的沙蠋个体，但是我们能从沙蠋留下的波浪线中看出河口泥滩中大约有多少沙蠋。

环节动物的身体分节，并且分节通常非常明显。每个体节都有彼此相似的内部解剖结构。其外表面通常覆盖着一层角质层，角质层可以防止体内水分流失，有一定的弹性，而且多带有刚毛，刚毛在动物移动时可以提供额外的地面牵引力。角质层下面是一层环形肌肉，使环节动物能够移动，并且能够很灵活地摆动身体，这意味着它们可以挤进狭小的空间。水蛭特别灵活，它们的身体形状可以发生戏剧性的变化，从细长到近似球形。大多数环节动物视觉不发达，但嗅觉和触觉非常敏锐。

上图 蚯蚓是园丁的朋友，有助于土壤透气以及营养物质循环。

左图 令人惊讶的是，水蛭至今仍然用于医学治疗，它们主要用于改善皮肤移植等手术后的血液循环。

其他无脊椎动物

我们已经了解了地球上一些著名的无脊椎动物，但是还有一些我们不太熟悉。缓步动物就是其中一个例子，有关缓步动物，我们通过科幻小说了解的可能比事实更多，即使它们数量惊人，而且就存在于我们身边。

“缓步动物”这个名称的意思是行走缓慢的动物。这些身体矮小、有 8 只脚的小动物也被称为“水熊”，它们栖息在苔藓丛和其他类似的栖息地。值得注意的是，它们能够在各种极端条件下生存。它们在经过多年的完全脱水后可以复活，有些甚至可以在接近绝对零度或高达 150℃ 的温度下存活。出于对这些极端微生物的兴趣，在 2007 年俄罗斯的一次太空飞行任务中，宇航员将它们带入了近地轨道，以观察它们能否在太

上图 奇怪的是，海鞘是所有无脊椎动物中与人类亲缘关系最近的动物之一。

下图 尽管缓步动物缺乏可识别的面部特征，但它们对人类相当有吸引力，研究它们适应极端环境的能力可能有助于我们改进自己的技术。

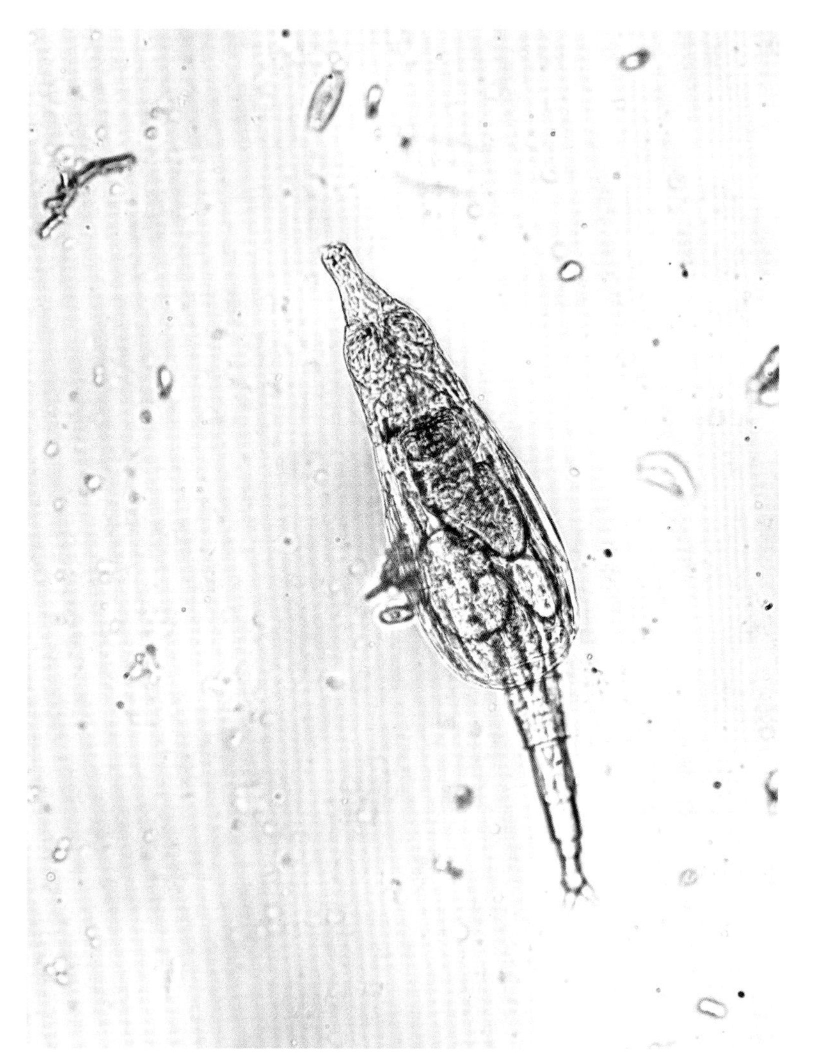

左图 虽然轮虫非常小，全身只有大约 1000 个细胞，但它们有大脑和神经系统，以及多达 5 只的结构简单的眼睛。

是以群体为单位固着生活，并共享它们分泌在自己周围的碳酸钙骨骼（就像珊瑚虫一样）。腕足动物为自己分泌单独的壳，躯体以背腹两壳（看起来非常像双壳类软体动物的双壳，但是两者的解剖结构大不相同）包裹。

脊索动物包含所有脊椎动物和一些无脊椎动物，包括被囊动物海鞘等。这些管状动物的成体会永久地附着在岩石上，外表看起来颇像植物，有些甚至有植物般的名字，如海郁金香和蓝铃海鞘。海鞘是滤食动物，吸入海水并从中吸取营养，它们通过长出新个体（与母体形状相似，但大小不同）进行出芽生殖。撇开它们的外表和生活方式不谈，它们与我们的亲缘关系比我们在本书这一部分所看到的其他任何动物都近。

空的真空环境中生存。令人惊讶的是，结果显示，它们可以。

许多其他无脊椎动物生活在海洋中，外形似蠕虫。其中包括一些颚口动物和毛颚动物。另一类类似蠕虫的动物是扁形动物。有些扁形动物是自由生活的，比如生活在土壤中的扁虫，而有些（比如绦虫）寄居在各种不同的脊椎动物（包括人类）体内。

轮虫大多生活在淡水中，体型微小（长度多小于2毫米），有着轮状的圆嘴，用来摄取死细菌和其他微小的有机物颗粒。你可能会在显微镜载玻片上的一滴池塘水里看到它们游来游去。苔藓虫也是体型非常小的水生动物。它们不会游动，而

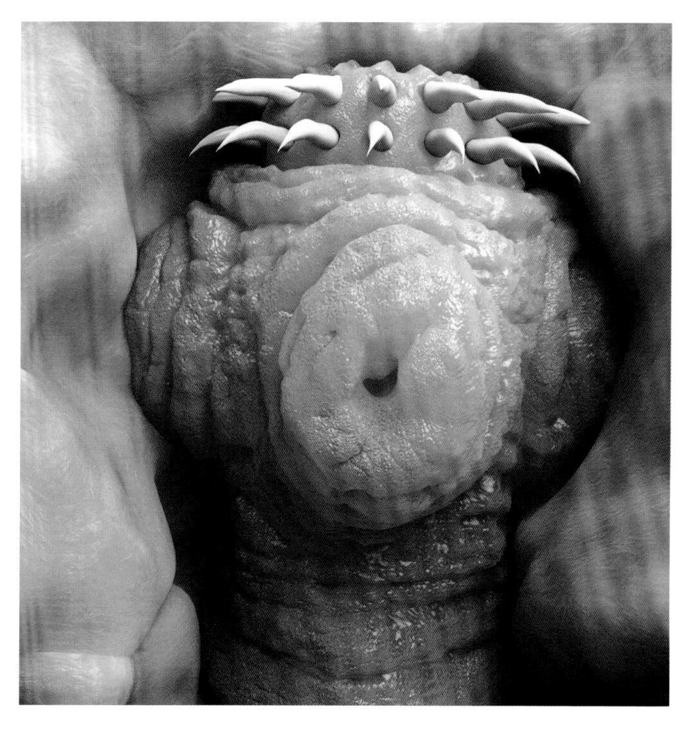

右图 绦虫的头部有一圈钩子，可以将自己固定在哺乳动物宿主的肠道内。

脊椎动物

脊椎动物生活在世界各地，尽管在物种数量或个体数量方面无法与无脊椎动物竞争，但在体型的多样性以及适应性方面，确实非常出色。这是我们人类，以及我们最了解和喜爱的很多动物物种所属的群体。

一起玩耍可以帮助赤狐幼崽练习狩猎。

// 脊椎动物的进化

我们和其他所有脊椎动物都属于脊索动物门，但并非所有脊索动物都是脊椎动物。正如我们在上一部分的末尾所看到的，被囊动物海鞘与我们的亲缘关系较近，尽管它们看起来一点也不像我们或其他任何脊椎动物。那么，我们和被囊动物有什么共同点呢？

如果我们观察幼体期的被囊动物，我们就能更好地理解我们和它们之间的关系。自由游动的被囊动物幼体看起来确实不太像我们，但像另一种我们熟悉的脊椎动物——蝌蚪。被囊动物幼体没有骨头，但是有一条像软骨一样有弹性的棒状构造（叫作脊索），脊索上面是背神经管。这两个结构也存在于脊椎动物的胚胎中，分别演化为脊柱和脊髓。它们在脊索动物体内延伸，位于内脏器官之上，是脊索动物所独有的特征。

脊索动物结构图

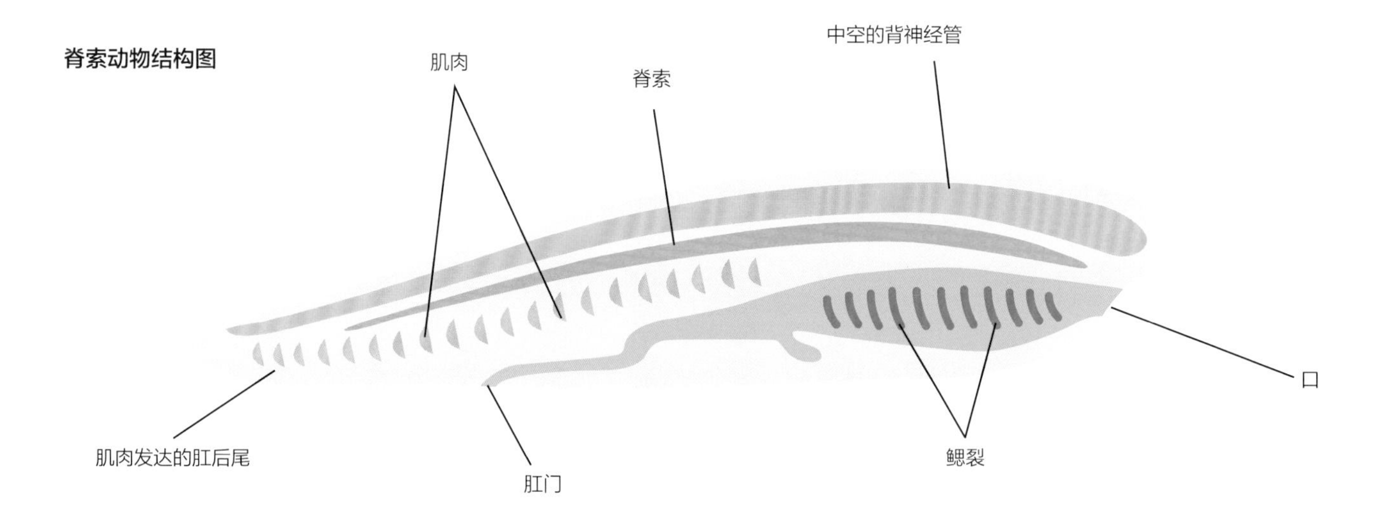

最早的脊索动物被认为是在大约 5.4 亿年前进化出现的。不像其他一些动物，比如软体动物和甲壳动物，早期脊索动物的身体缺少能很好地形成化石的坚硬部分，因此它们的化石记录稀少。第一种真正的脊椎动物具有脊柱，出现在大约 5.3 亿年前——如果我们今天看到这种动物，我们会毫不费力地认出它是一种鱼。

如今，除了被囊动物以外，还有一些其他的没有脊柱的脊索动物存在。比如文昌鱼，虽然它们确实外形类似鱼，但是它们和鱼被分开分类。它们纤细的银白色身体内没有任何骨头，嘴里也没有牙齿。它们吸入水分，在咽部过滤出少量的有机物，并通过咽部两侧的鳃裂将多余的水分排出。鳃裂是另一种只出现在脊索动物身上的解剖学特征，在人类和其他脊椎动物的胚胎中也可以看到鳃裂，不过随着胚胎的发育，在空气中呼吸的脊椎动物，其鳃裂会发育为其他结构。

右图 柳叶刀鱼的体形比典型鱼类的简单得多，它们没有颌，没有鳍，也没有尾巴。

最早出现的真正的脊椎动物是圆口纲鱼类。如今仍然有圆口纲鱼类存在，如七鳃鳗和盲鳗。七鳃鳗有简单的管状身体，没有独立的可活动的鳍，它们有固定的圆形嘴，嘴里有硬齿状的圆形结构。它们的神经索周围有一系列保护性的支撑环，但这些环是由软骨而不是硬骨组成的。如今，一些七鳃鳗通过将嘴巴吸附在较大的鱼身上，并吸食它们的血液为生，但是其他的七鳃鳗是非寄生的，通过滤食的方式摄食。盲鳗也没有颌和鳍，它们的身体形状很像现代鳗鱼。它们的皮肤非常松弛，可以迅速产生大量的皮肤黏液——这些特征可以帮助它们逃脱捕食者的追捕。在逃脱之后，它们把自己身体一端拧成一个结，然后将这个结滑动到另一端，这样就挤走了多余的黏液。它们是拥有头骨的最原始的动物，但就像它们的支撑结构一样，它们的头骨也是由软骨而不是硬骨构成的。

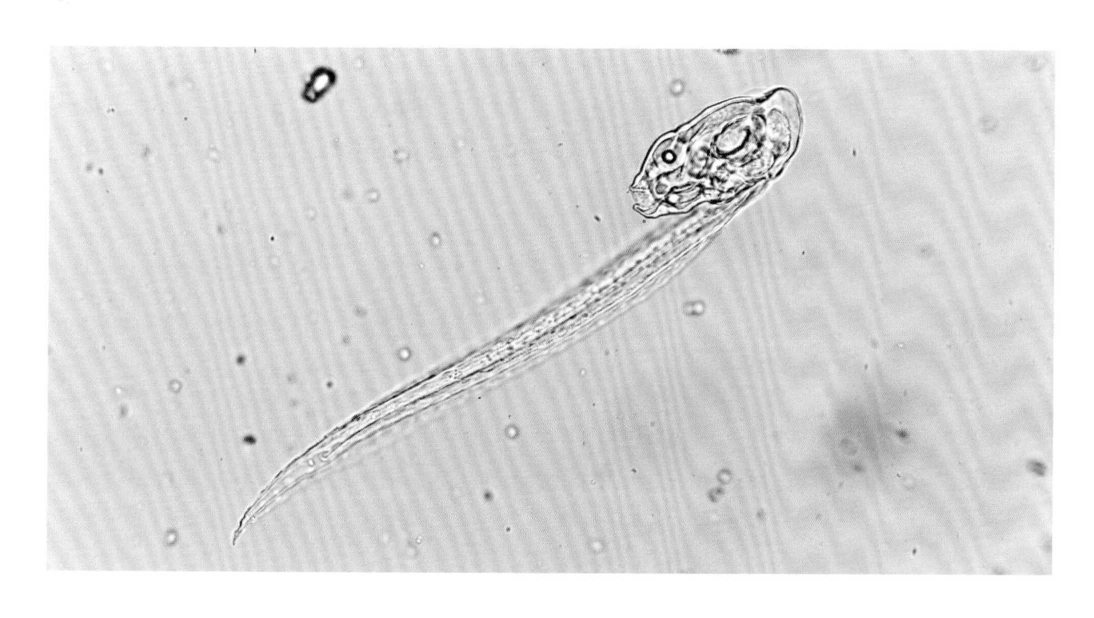

上图 寄生性七鳃鳗的嘴看起来像科幻小说甚至恐怖电影中的东西——类似吸盘，里面装满了带刺、可撕裂肉体的类似牙齿的结构。

左图 被囊动物幼体类似于刚孵化的鱼苗，与其成体形态完全不同。

// 鱼类进化系统树

如今，科学家已知的鱼类大约有35000种。这使得它们比其他任何脊椎动物更具多样性，尽管就它们的体形而言，它们通常不那么多样化（例如，与哺乳动物相比）。大多数鱼都在水中生活和呼吸，少数也能在空气中呼吸，而且只要地球上有液态水，你可能就能找到鱼。

鱼类的三个主要谱系包括软骨鱼纲（鲨鱼、鳐鱼及其亲缘种，它们的特点是具有软骨而非硬骨骨骼）和硬骨鱼纲的两个亚纲。这两个亚纲分别是辐鳍鱼和肉鳍鱼，辐鳍鱼的鳍细长而呈网状，通过几根小骨头连接到身体骨骼上，肉鳍鱼的鳍通过一根大骨头连接到身体骨骼上（并且似乎有一个“柄”）。超过98%的现代鱼类都有鳍，我们星球上所有的陆生脊椎动物都是从肉鳍鱼进化而来的。

几乎所有的辐鳍鱼都有一个共同的特点，那就是能够向前推动它们的颌，然后再把颌拉回来。这种适应性使它们能够迅速地把食物吸进嘴里。鲟鱼是辐鳍鱼中的一类，鲟鱼的嘴有点像鲨鱼。鲟鱼的骨骼大部分是软骨，但它们实际上是由硬骨更多的祖先进化而来的。

另一类辐鳍鱼叫作多鳍鱼。这一不同寻常的鱼类有多软骨的身体和简单的颌，但是它们有更强的适应能力。大多数硬骨鱼都有一个充满气体的鱼鳔，这有助于它们控制浮力。在多鳍鱼中，鱼鳔经过进化，可以起到呼吸空气的肺的作用，这使得多鳍鱼能够在离开水的情况下存活相当长的时间。研究表明，大部分养在陆地上的多鳍鱼仅仅经过几代就会具有适合非鱼类动物生存的特征，包括更强壮的骨骼（可以更容易地承受水的重量），以及更灵活的颈部等。虽然我们知道陆生脊椎动物是从肉鳍鱼进化而来的，但是多鳍鱼展示了鱼类适应陆地生活的另一种方式。

上图 俄罗斯鲟这一古老的鱼类已在阿塞拜疆、保加利亚、格鲁吉亚、伊朗、哈萨克斯坦、罗马尼亚、俄罗斯、土耳其、土库曼斯坦和乌克兰被发现，但如今由于过度捕捞而极度濒危。

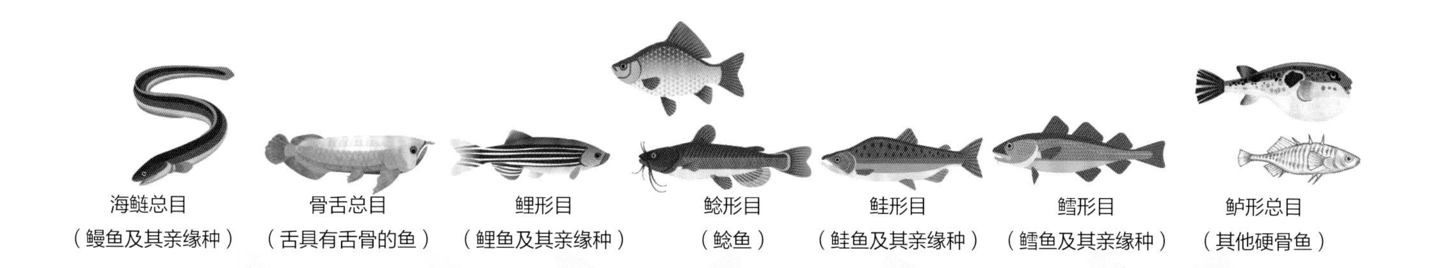

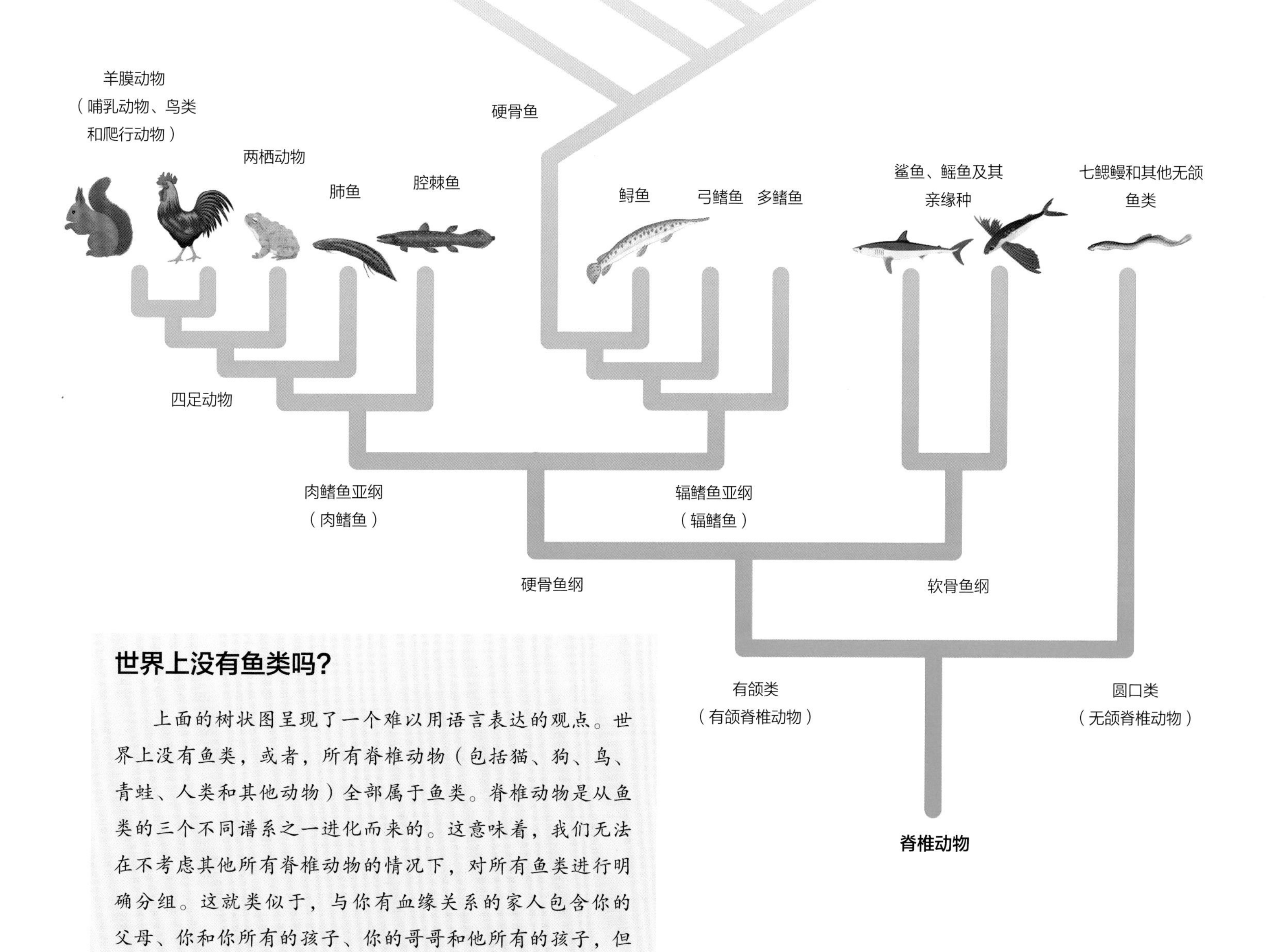

世界上没有鱼类吗？

上面的树状图呈现了一个难以用语言表达的观点。世界上没有鱼类，或者，所有脊椎动物（包括猫、狗、鸟、青蛙、人类和其他动物）全部属于鱼类。脊椎动物是从鱼类的三个不同谱系之一进化而来的。这意味着，我们无法在不考虑其他所有脊椎动物的情况下，对所有鱼类进行明确分组。这就类似于，与你有血缘关系的家人包含你的父母、你和你所有的孩子、你的哥哥和他所有的孩子，但不包含你的姐姐和她的孩子。事实上，我们都知道什么是鱼，传统意义上认为，鱼类与两栖动物、爬行动物、鸟类和哺乳动物都属于脊椎动物——尽管爬行动物与鱼类一样有类似的分类不明确的问题。

鱼类——鲨鱼与鳐鱼

只有脊椎动物才有脊柱，但人们在多种动物体内都发现了另一种类型的结缔组织——软骨。它是一种非常坚韧的组织，世界上体型最大和第二大的鱼类——鲸鲨和姥鲨，以及其他所有鲨鱼及其亲缘种都具有软骨。这些鱼都属于软骨鱼纲。软骨鱼纲有 2 个亚纲，其中迄今为止较大的是板鳃亚纲，包括鲨鱼、鳐鱼等约 1150 种。另一个是全头亚纲，包括幽灵鲨等。全头亚纲曾经非常多样化，但如今只有大约 50 种存活，这些深水鱼类相当神秘。

鲨鱼中有一些顶级的海底捕食者——游动迅速；嗅觉敏锐，可快速定位猎物；牙齿尖利，可咬死并吃掉猎物。然而，最大的鲨鱼是滤食动物，只吃浮游生物，还有许多非常小的鲨鱼。

鳐鱼扁平的身体和像翅膀一样摆动的扩张的胸鳍非常独特，这使得它们的游泳方式格外优雅（如果不是游得特别快的话）。虽然鲨鱼大多非常活跃，但许多鳐鱼是海底觅食者或伏击捕食者。魟鱼的尾巴顶部有毒刺，主要用于自卫，而电鳐则通过放电（由它们身体下方的一对神经密集的器官产生）来攻击猎物。

锯鳐表面看起来像鲨鱼，但它们的胸鳍扁而宽。它们最显著的特征是拥有长而扁的嘴巴（或鼻子），嘴巴两侧长有锋利的牙齿，呈锯齿状，用于自卫时，会对捕食者造成严重伤害。但该部位的主要用途是寻找猎物——它上面布满了感觉器官，可以检测其他鱼游动时产生的电场。锯鲨是真正的鲨鱼，有与锯鳐类似的锯齿状的突起，用来攻击猎物。

软骨鱼与硬骨鱼之间的主要区别之一是软骨鱼产出少量的大卵，这意味着它们对每个个体后代的投资更高。硬骨鱼会产出大量非常小的卵，其中只有一小部分能孵化成功。鲨鱼和鳐鱼也在卵壳内产卵——你可能会发现每个被冲上海滩

下图 格陵兰鲨是一种体型巨大、行动迟缓的北极物种，其寿命可以超过 300 年。它缓慢的游泳速度表明它是一种食腐动物和伏击捕食者，而不是猎物的追逐者。

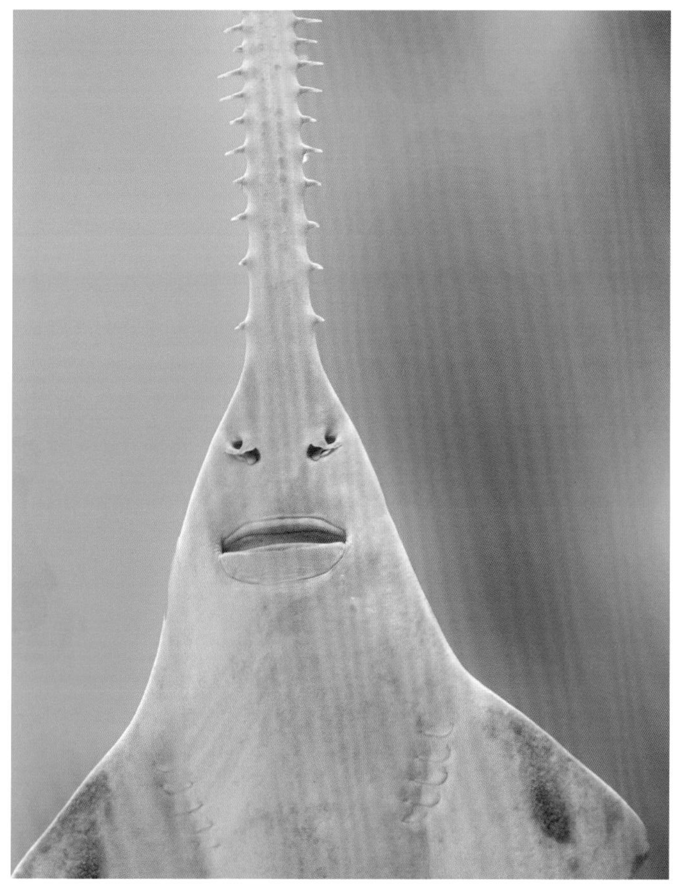

上图 斑点鹞鲼广泛分布于热带海域。像其他一些鳐鱼一样，该物种的尾巴基部有可分泌毒液的毒刺（主要用于自卫）。

左图 一些锯鳐物种的长度可以超过 7 米，其“锯”的长度占总长度的三分之一以上。

的皮革状的方形“美人鱼钱包”都装有一个胚胎。还有一些鲨鱼和鳐鱼直接孕育幼体，而不是产卵。一些鲨鱼幼体出生前在母体子宫内发育极其缓慢——皱鳃鲨的孕期可能持续 3 年以上。

提速皮肤

鲨鱼的皮肤看起来并非鳞片状，但它确实有一层非常小的、扁平的、边缘锋利的鳞片，称为盾鳞。这些鳞片的形状和向后倾斜的特征有助于减小鲨鱼游动时的阻力，进而提高其游动速度和效率。模仿这种结构的人造织物被用于许多优秀游泳者所穿的泳装中。

// 鱼类——硬骨鱼

脊索动物门中超过一半的动物属于硬骨鱼。它们遍布世界各地的海洋、湖泊、河流，对于水下生态系统至关重要，但它们也是许多陆生动物的猎物（有时也是它们的捕食者）。硬骨鱼是最早进化出硬骨的动物，所有其他脊椎动物都是从它们进化而来的。具体来说，肉鳍鱼是其他脊椎动物的祖先。肉鳍鱼在所有现代鱼类中只占很小的比例（不到1%），绝大多数现代鱼类是辐鳍鱼。

鱼类（雌性）解剖图

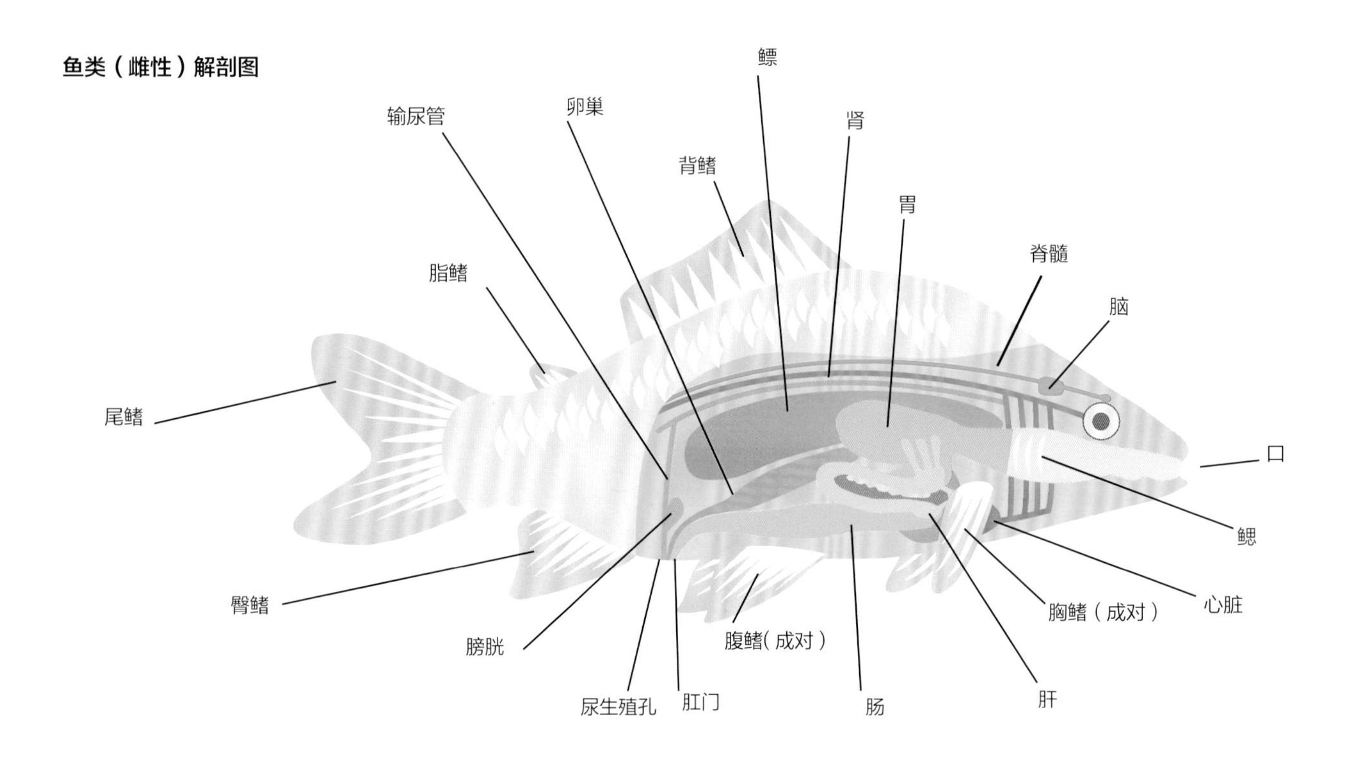

典型的辐鳍鱼有着流线型的、竖直扁平的身体，当它们游动时，身体会左右摇摆。推力和稳定性由它们背部的背鳍、腹部的胸鳍和腹鳍，以及尾鳍提供。它们从水中提取溶解氧，通过鳃分泌二氧化碳。这些气体中的一部分被保存在鱼鳔中，鱼鳔是一个较大的肌肉发达的器官，用来控制浮力。

大多数鱼都是食肉动物，但它们发现和捕获猎物的方式有很大的不同。有些擅长高速追逐，但更多的擅长秘密行动或“诡计”。射水鱼向昆虫喷射水柱，把它们打入水中。鮟鱇鱼有能力在几分之一秒的时间内将嘴巴张得极大，以吸食它们的猎物。清洁鱼包括各种隆头鱼和其他鱼类，它们以包括海龟和鲸下目动物在内的其他动物的体外寄生虫和死皮为食。

一撮盐

与其他水生动物一样，应对盐度变化对于鱼类来说也是一项挑战。某些鱼类，例如某些鳗鱼、鳟鱼和鲑鱼，在生命周期的不同阶段在海洋和淡水之间游动，应对盐度变化对于它们来说挑战更是巨大。如果一个透水屏障（例如细胞膜）将淡水和盐水分开，水分子就会自然地从淡水移动到盐水中（这个过程称为渗透）。因此，为了保持恒定的内部环境，鱼类需要主动排出体内多余的盐或多余的水。它们有时可能需要大量饮水，有时则需要通过鳃将盐排出体外。

左图 海鳗在它们“真正的”颌后面有一组咽颌。咽颌前推至口中抓住食物，然后将它们拉进喉咙中。

硬骨鱼的数量很多。雌性硬骨鱼释放大量未受精的卵子，而雄性硬骨鱼则产生精子或精液，使卵子在水中受精。在交配之前，它们之间可能存在着长时间的求偶行为。在一些鱼类物种中，比如刺鱼，雄性会把雌性吸引到它们建造的巢穴中。一旦雌性在里面产卵、受精，雄性就会赶走雌性，守护着卵直到它们孵化。刚孵化的鱼（通常称为鱼苗）和鱼卵一样，极其脆弱，许多都会被捕食者吃掉。因此，鱼类通常将鱼卵放在可以保护鱼卵和幼鱼的自然环境（如海带森林和红树林沼泽）中，而不是开阔的水域，这样可以提高繁殖更多后代的概率。

上图 狮子鱼精致的鳍上带有毒刺——它用艳丽的颜色警告潜在的捕食者与其保持距离。

左图 海马的不寻常之处在于，在雌性海马将卵产在雄性海马腹部一个特殊的子宫状育子囊中后，由雄性海马孕育后代。

// 鱼类和其他深海动物

地球表面大部分是海洋，大部分海洋深度超过 1000 米。深度为 1000 米至 4000 米的水层称为深层带，深层带之下是深渊水层带。这些深海区域形成了独特的生态迷人的栖息地。这些区域太阳光很少（甚至没有光线能穿透这些区域），水温为 2℃至 3℃。随着海洋深度增加，水压急剧上升，水深 50 米时达 2.55×10^5 Pa，水深 1500 米时达 1.38×10^7 Pa 以上，而水深 3000 米时达 3.03×10^7 Pa 以上。随着海洋深度增加，水中的溶解氧含量也变得非常低。这是对大多数生物非常不利的环境，但是少数动物已经适应了在黑暗、寒冷和极具毁灭性的深渊水层带生存和茁壮成长。

深海动物往往生长缓慢，但寿命长。它们的外观往往也相当奇怪。一些有巨大的眼睛，对比其他波长的光穿透得更深的蓝光极其敏感，而对其他波长的光几乎没有任何视觉感知。一些深海动物通过生化过程产生自己的蓝色光源——这就是众所周知的生物发光。例如，琵琶鱼延伸的背鳍上有发光器官，可以发出冷光，冷光可以作为诱饵，吸引攻击范围内的其他鱼类。琵琶鱼和其他深海鱼类一样，有着与身体其他部位不成比例的大嘴和有弹性的胃，所以可以吃掉很大的猎物——深海的生物如此稀少，任何摄食的机会都必须抓住。许多深海鱼类在进化过程中“舍弃”了它们的鱼鳔，这使得它们的身体结构不太容易被巨大水压破坏。

有机碎屑下沉

在陆地和阳光照射下的海洋中，进行光合作用的陆生植物和浮游植物将太阳能转化为自己的能量储存起来。这为“营养金字塔”提供了基础——某些动物吃植物，其他动物吃这些动物，等等。深海区域没有阳光，所以在此处生活的生物无法进行光合作用，但是因为世界海洋是一个连续的水体，营养物质可以流通。死在海洋表面或较浅海域的一些动植物，其遗骸最终会沉入深海，而这些有机碎屑就成了深海生物的食物来源。

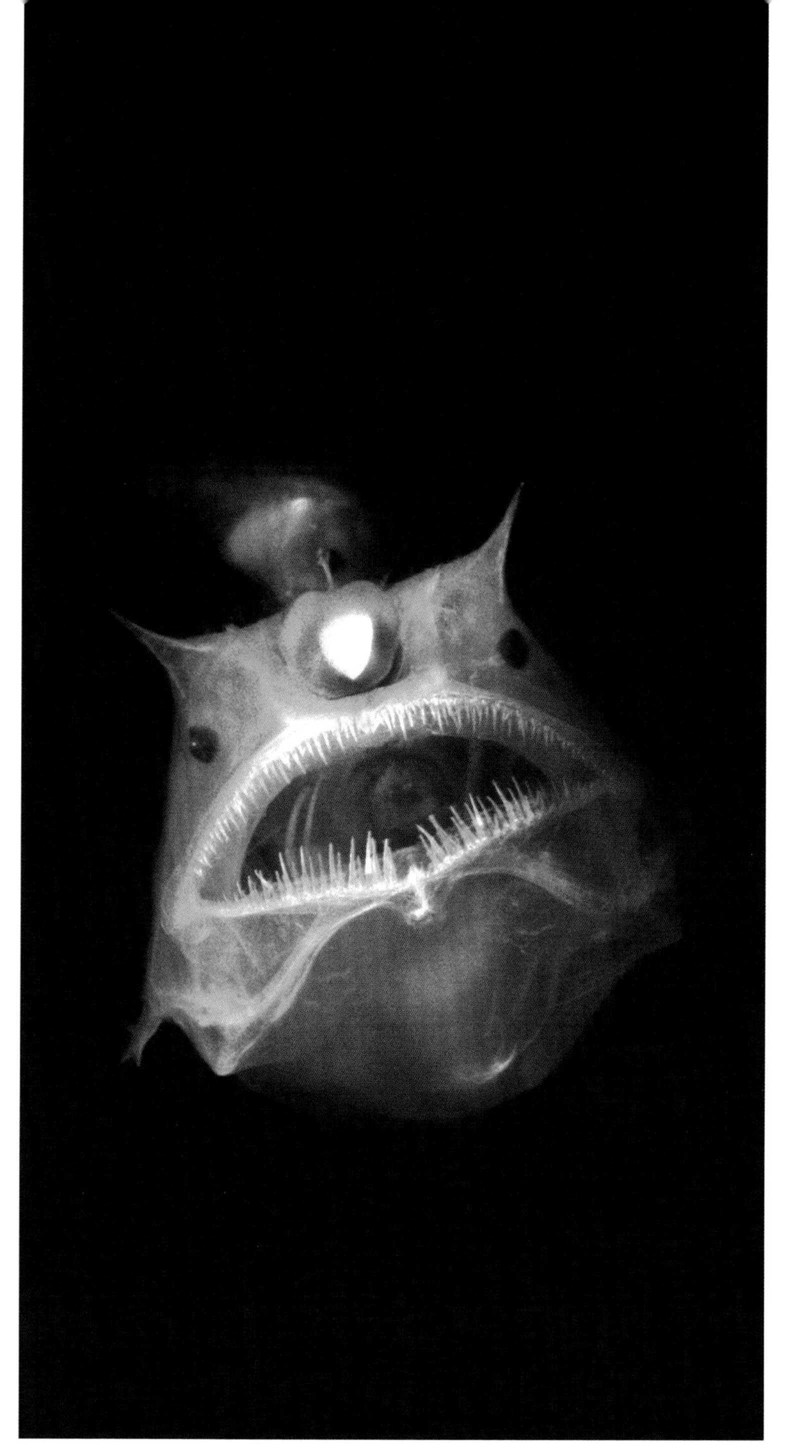

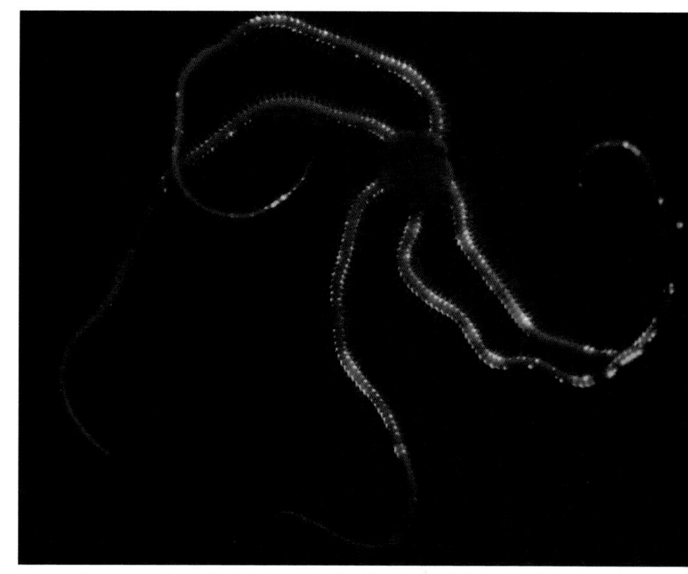

地狱的深度

在大多数深海区域，海床位于水下6000米左右，但有些海沟要比这深得多，其中最深的海沟深度超过10000米。水深超过6000米至大洋最深处的水层是“超深渊带”。全世界有46个独立的超深渊栖息地，维持着稀少的动物群落。水深超过8500米的海域水压巨大，硬骨鱼无法在此海域内存活，但是一些无脊椎动物可以在更深的海域生存。这里的主要能量来源是下沉的有机物，以及可以依靠从深海热液喷口渗出的化学物质生存的细菌。

上方左图 雌性琵琶鱼比雄性琵琶鱼大得多。在某些物种中，微小的雄性附着在雌性的身体上，寄生生活，等待雌性产卵时使雌性的卵子受精。

上方右图 许多深海动物，包括鱼类以及某些种类的无脊椎动物（如海蛇尾），利用生物发光交流或吸引猎物。

左图 太平洋黑龙的皮肤中含有浓度非常高的黑色素（用于伪装）。它的皮肤可以吸收99.95%的可见光。

两栖动物——游泳者和穴居者

所有的非鱼类脊椎动物形成一个独立的群体——四足动物。它们的四肢起源于它们的祖先肉鳍鱼的胸鳍和腹鳍。大约 3 亿年前，真正的两栖动物开始出现在地球上。为了适应陆地生活，两栖动物将这些鳍改造成了能承重的腿，并进化出肺部（这与现代鱼类的鳔具有相同的生理起源）。大多数类似鱼的四足动物，如两栖动物，在它们的早期幼体阶段是无肢、有鳃的，而且许多两栖动物完全发育后仍然是半水生的，或者至少需要一个潮湿的环境才能生存。几乎所有的两栖动物在完全发育时都完全是捕食性的，尽管幼体阶段可能会以植物为食。

现存的两栖动物大约有 8000 种，其中绝大多数（约 90%）是青蛙和蟾蜍（见第 86 至 87 页）。其余的还包括蝾螈（有四条短小的腿的长尾动物），以及蚓螈（没有腿，看起来像蠕虫或皮肤光滑的蛇）等。

左图 蚓螈类似于蚯蚓，但仔细观察后，我们会发现它们的眼睛很小，嘴里长满了尖利的牙齿。

右图 大鲵是所有两栖动物中体型最大的。所有的大鲵物种都面临灭绝的威胁，尽管它们很容易在饲养环境中繁殖。

左图 在繁殖季节，蝾螈大部分时间都待在水里，这时雄性蝾螈会向雌性蝾螈展示它们的冠和五颜六色的腹部。

下方右图 火蝾螈用有毒的皮肤分泌物保护自己，并用令人难忘的鲜艳颜色向捕食者发出警告信号。

蝾螈看起来很像蜥蜴，但皮肤柔软湿润，没有鳞片。有些物种的皮肤有毒，颜色鲜艳，这是警告色，用来阻止捕食者。繁殖期的雄性蝾螈背部和尾部会长出冠状突起，腹部会长出五颜六色的斑点图案，当它们试图吸引雌性蝾螈时，会在水中跳起舞来。雌性蝾螈将卵排入水中，雄性蝾螈使卵受精。胚胎在卵的保护性胶质层中发育，长成细长的带鳃幼体，最终长出前肢和后肢，并发育出功能性肺。成体蝾螈大多在陆地上度过它们的时光，但是它们不得不寻找潮湿的庇护所以避免脱水。它们虽然有肺，但也能通过皮肤吸入氧气。

蚓螈生活在陆地上，或者更确切地说，它们在潮湿的土壤中挖洞，捕食其他生活在土壤中的生物。它们蠕虫状的身体两端钝圆，相对很厚；它们的头骨结实，可以在地上钻洞；它们的眼睛很小，嘴边长着小而敏感的触须。与大多数两栖动物不同的是，它们的卵在体内受精，在大多数情况下，雌性蚓螈产下的是活的幼体，而不是卵；在少数情况下，产下的是完全变态发育的幼型成体。

幼态延续

美西螈，又名墨西哥钝口螈，是一种受欢迎的宠物。它是幼态延续现象的一个著名例子——它在有鳃的幼体阶段繁殖，在自然条件下永远不会蜕变成可在空气中呼吸的成体，但是在饲养条件下人们可以通过化学方法诱导其变态发育。其他许多蝾螈也表现出幼态延续，要么是部分时间，要么是全部时间；比如海妖，它们终生生活在水中，发育出短小的前腿，但没有后腿。

上图 美西螈是很受欢迎的宠物，人工饲养物种呈现各种不同的颜色，包括白化种（缺乏色素）。

// 两栖动物——攀爬者和跳跃者

无尾目包括世界上所有的青蛙和蟾蜍。这些两栖动物的成体没有尾巴，大多数有长而有力的腿（特别是后腿），它们倾向于采取非常紧凑的休息姿势，即将腿整齐地折叠在身体上。它们大多以蝌蚪的形态在水中开始生活，通过拍打它们长长的尾巴来游泳，但是伴随着它们的发育和四肢的出现，尾巴会逐渐缩小。它们有大眼睛和钝口鼻，柔软的皮肤上常带有醒目的斑纹，许多物种通过声音交流。

全世界有 7000 多种青蛙。蟾蜍这个术语在生物学上指代并不明确，它往往指的是那些在陆地上生活更舒适，更倾向于爬行而不是跳跃，皮肤凹凸不平，长满疣状突起的无尾目动物。

许多成体青蛙和蟾蜍在远离水源的地方生活，但是它们需要回到水源处去交配。欧洲常见的蟾蜍会迁徙回它们出生的池塘，途中雄性蟾蜍常会爬到体型更大的雌性蟾蜍背上，紧紧抱住雌性蟾蜍。这不仅节省了雄性蟾蜍爬行的时间，也有助于确保当雌性蟾蜍将卵排至水中时，雄性蟾蜍可以使卵受精，这种繁殖方式被称为“抱合”繁殖。在其他一些物种中，雄性是有领地意识的，它们会占领一个合适的产卵地，并用大声的哔哔声或呱呱声来宣告主权。

有些蟾蜍表现出极不寻常的亲代抚育行为。雄性产婆蟾会将受精卵缠绕在腿上，当卵准备孵化时，它们就会跳入水中。雌性苏里南蟾蜍会把受精卵长时间地背在其宽大的背上，卵会深深地沉入其柔软的皮肤里，孵化后的小蝌蚪在由此产生的“口袋”里生活和发育。最近灭绝的雌性胃育蛙会吞下受精卵，然后反刍出完全发育的幼蛙。

上图 一只雄性蟾蜍可以同时携带多达三只雌性蟾蜍的卵子。

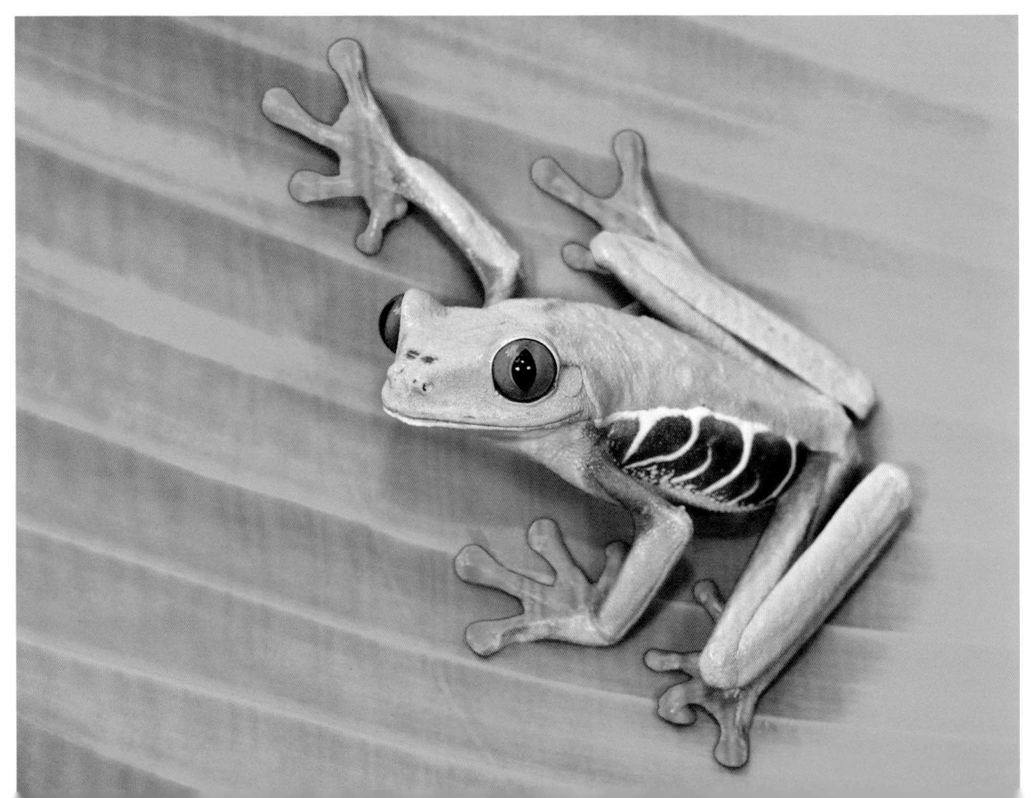

右图 许多无亲缘关系的青蛙物种已经适应了在树上生活。在交配季节，雄性红眼树蛙会振动它们所占领的树枝的叶子以抵御其他雄性。

致命之吻

大多数青蛙都是小型动物，它们的身体柔软，这使得它们很容易成为水中和陆地上的捕食者的猎物。它们的防御机制包括伪装、毒液，以及其他逃离危险的能力（有些物种可以跳过40倍于自身长度的距离）。箭毒蛙生活在中美洲和南美洲的热带雨林中，以其毒性很强的皮肤毒素而闻名，这些毒素是它们通过食用猎物而获得的。一些箭毒蛙物种携带的毒素足以杀死10个或更多的人——它们的共同名称来自人类将它们的皮肤分泌物涂抹在箭头上使用的传统。它们颜色鲜艳，用以警告任何想吃它们的捕食者。海蟾蜍是南美洲的一种大型蟾蜍，被引进到澳大利亚以控制农作物害虫。但事实证明，海蟾蜍对当地的捕食性哺乳动物来说是灾难性的，因为它们在试图杀死海蟾蜍时，会因摄入海蟾蜍毒性很强的皮肤毒素而死亡。

最上方图 箭毒蛙有独特的斑点和条纹图案。

中部图 苏里南蟾蜍产卵时，雌雄双方会在水中有力地移动，雄性的移动导致受精卵嵌入雌性的背部。

左图 一旦四肢完全发育，尾巴逐渐缩小，幼蛙就会开始在陆地上停留更多的时间。

爬行动物进化系统树

随着爬行动物的出现，四足动物最终告别了水生生活。爬行动物拥有厚厚的鳞状皮肤，保护它们免于失水，它们的卵也有坚硬的外壳，保护它们免于脱水。这意味着它们不用浸在水里就能孵出幼体。哺乳动物和鸟类都起源于现在已经灭绝的爬行动物，就像“鱼类”一样，“爬行动物”的分类是不明确的（见第 77 页）。由所有爬行动物、鸟类和哺乳动物组成的群体是羊膜动物，这是根据它们卵的结构命名的。

现代常见的爬行动物可分为蛇、蜥蜴、龟和鳄鱼等，这几类我们将在接下来的章节中详细介绍。作为一个群体，爬行动物在形状、体型和生活方式上表现出巨大的差异。它们中的绝大多数是食肉动物，许多是伏击捕食者，利用伪装来躲避猎物，并突然加速发动攻击。一些爬行动物已经回到水中生活，但是它们仍然需要上岸来产卵。

与鸟类和哺乳动物不同，爬行动物缺乏调节自身体温的复杂机制。这意味着当气温较低时，它们的移动能力就会受到限制。许多爬行动物喜欢晒太阳取暖，而那些生活在温带地区的爬行动物通常会在最冷的月份冬眠。

卵生繁殖必不可少

在进化史中，某些事件作为里程碑事件脱颖而出，例如多细胞生物的出现以及节肢动物在陆地上定居。另一个是羊膜卵的出现。与两栖动物和鱼类不同（它们的胚胎覆盖着一层果冻状的保护层），爬行动物、哺乳动物和鸟类的羊膜卵有一个保护膜系统，孵化出来的幼体是成体的微型版，在发育过程中不会发生巨大变化。能够在陆地上繁殖使得最早的羊膜动物能够找到新的栖息地。几乎所有现代哺乳动物和一些爬行动物都是在体内孕育后代，但它们都是由卵生繁殖的祖先进化而来的。

上图 鳄鱼卵的孵化期一般为 10 周到 12 周。它们的性别由孵化时的温度决定，温度较低时，它们会孵化出雌性。

右图 变色龙的变色技能可用于伪装和控制体温，也可作为种间交流的一种方式。

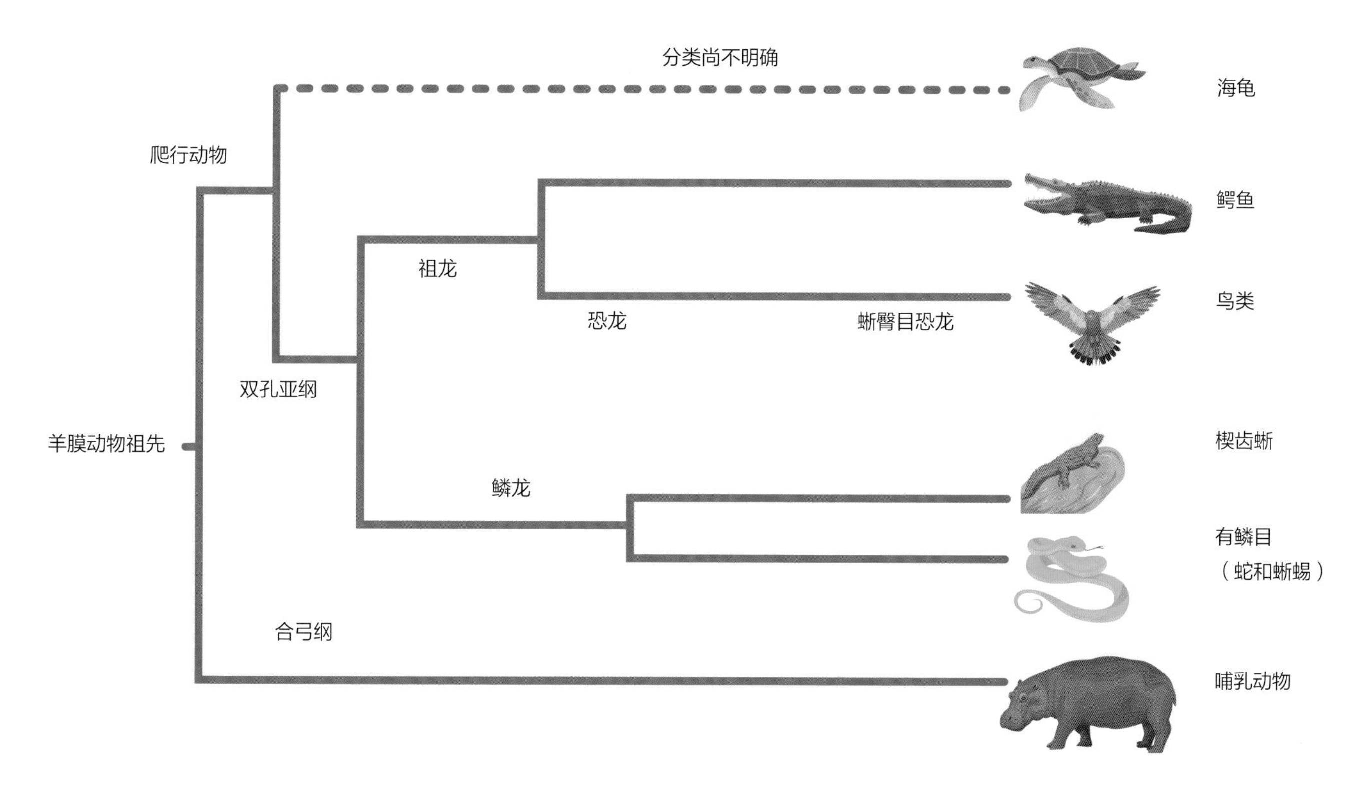

上图 羊膜动物的进化史表明，不包括鸟类的爬行动物，其分类尚不明确。

古典惊奇

楔齿蜥是一种原产于新西兰的爬行动物，看起来与蜥蜴相差无几，只是其背部结构更像鳄鱼。楔齿蜥的大脑结构和步态更像蝾螈而不是蜥蜴，骨骼则有一些明显的与鱼类相似的特征。事实上，这种奇特的动物并非真正的蜥蜴，而是后来进化为现代蛇和蜥蜴的谱系的早期分支。楔齿蜥有时被描述为“活化石”，因为它是2.4亿年前常见且多样的爬行动物的唯一后代，其解剖结构仍与其早期灭绝的亲缘种非常相似。

上图 楔齿蜥蜥蜴般的外表掩盖了它“活化石”的真实身份，从血统看，它是蛇和蜥蜴的祖先。

爬行动物的存在时间

爬行动物可远离水域生存的能力使它们能够在陆地定居。它们的身体由强壮的内部骨骼支撑，可以比陆生节肢动物长得更大，它们通过肺而不是被动地通过喷水孔呼吸。我们从化石残骸中了解了爬行动物的多样性，以及它们的体型。谈到爬行动物，我们首先想到的可能是恐龙，我们如今知道，现代鸟类是由恐龙演化而来的，其他引人注目的爬行动物谱系还包括翼龙、蛇颈龙、上龙、鱼龙，以及最终进化成哺乳动物的合弓纲动物等。

恐龙统治地球期间占据了所有的生态位——其中包括食肉恐龙、食腐恐龙、食草恐龙和适应性强的杂食恐龙。许多恐龙都有羽毛，能够调节自己的体温，孵化卵，并且表现出先进的社会行为和高水平的亲代抚育行为。它们在6600万年前白垩纪末期的大灭绝事件中灭绝。除了鸟类，与恐龙亲缘关系最近的物种是鳄鱼；哺乳动物和现代海龟、蛇、蜥蜴的祖先很早以前就从爬行动物进化系统树中分出来了。

翼龙是独立进化出飞行能力的四种动物之一（其他三种是有翼的昆虫、鸟类和蝙蝠）。翼龙的翅膀是一层薄薄的肌肉组织（翼膜），非常适合主动飞行，而不仅仅是滑翔。翼膜结构由巨大而细长的第四指骨支撑，并与后足相连。体型最大的翼龙是披羽蛇翼龙，它们的翼展比任何现代鸟类都要宽，但所有的披羽蛇翼龙的身体都非常纤细轻盈。

蛇颈龙是一种优雅的捕食性海生爬行动物，四肢长有鳍，有长长的脖子和尾巴——神话中的尼斯湖水怪通常被描绘成蛇颈龙样。其亲缘种上龙也是带鳍的海生爬行动物，但上龙的颌骨较长，有点像鳄鱼，是更活跃的捕食者。而光滑、带喙的鱼龙的身体形态非常像鱼，可以被视为类似海豚的爬行动物。

上图 这个著名的蛇颈龙化石是由古生物学家玛丽·安宁（Mary Anning）于1823年在英国多塞特发现的。

时间异常

我们可能倾向于认为“恐龙时代”是进化史上的一个短暂时刻，而恐龙则是“进化失败者”，但事实上，它们在地球上生活和繁殖了1.5亿多年——现代人类目前存在的时间只是其六百分之一。然而，任何一个物种的平均寿命只有大约100万年，因此许多恐龙物种在这个时间尺度上进化和灭绝。我们对于众所周知的某些恐龙相互争斗的奇特描绘很少反映现实。

左图 图中这种戏剧性场景在自然界中从未存在过，因为剑龙早在霸王龙进化之前就已经灭绝了（从最后一只剑龙灭绝到第一只霸王龙出现之间间隔了将近1亿年）。

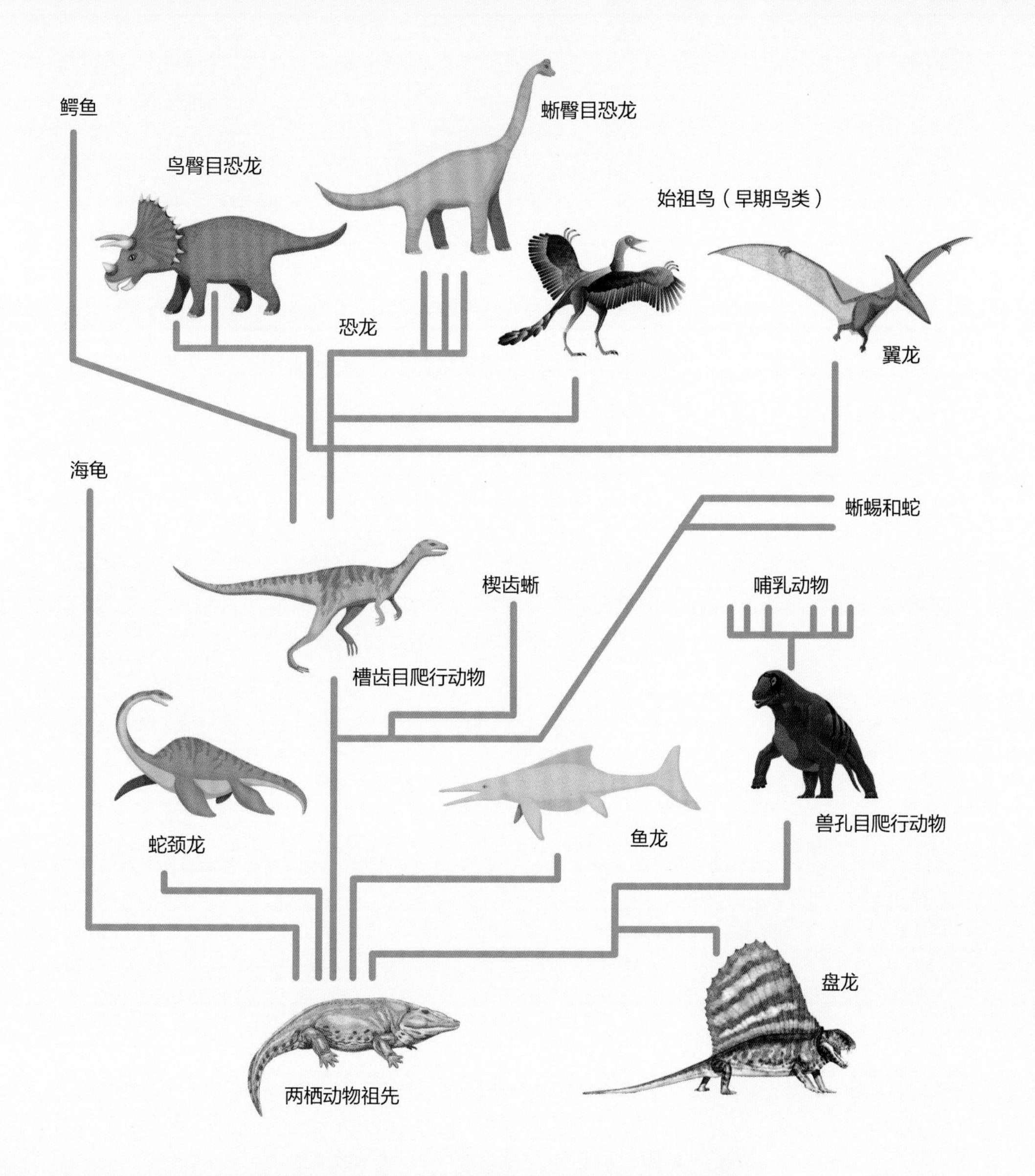

左图 “恐龙时代”可能更适合被命名为“爬行动物时代”，因为许多著名的早已灭绝的巨型爬行动物根本不是恐龙。

上图 尽管鱼龙是从陆栖的四足动物祖先进化而来的，但它的身体形状非常像鱼。

下图 霸王龙的骨头显示它站立时，身体呈水平状态，靠它长而沉重的尾巴保持平衡。

蛇

虽然蛇属于四足动物，但是它们完全没有四肢，只能蜿蜒爬行（有时非常迅速）。少数蛇仍然保留着退化的腰带，但大多数种类只有脊柱和肋骨（延伸至全身）。它们内部器官的排列方式与其他四足动物的也不同，以便将所有器官都放入狭长的体内空间。例如，它们的肾脏是其中一个排在另一个前面，而不是并排，而且它们只有一个功能性肺。世界上大约有 3600 种蛇。

凭借细长的身体，强健的肌肉组织，极度的柔韧性，以及重叠的鳞片，它们可以爬行、挖洞，把自己挤进狭小的空间。一般来说，它们是潜行者或伏击捕食者，能够利用掩护或伪装接近猎物而不被发现。只要它们的身体足够温暖，它们就能以惊人的速度展开攻击。一些种类的蛇用毒液迅速使猎物失去行动能力，另一些则用力卷曲、缠绕猎物，将猎物挤压致死。它们灵活的颌骨可以张得很大，这使得它们能够吞下比自己身体宽大得多的猎物，一顿大餐可以满足它们数周甚至数月的生存所需。

世界上最大的蛇是绿水蟒，它们生活在南美洲，体重可

上图 响尾蛇发出的响声是在警告入侵者它已准备好发起攻击。但与主动发起攻击相比，它宁愿威胁、吓退入侵者，并将毒液留给猎物。

左图和下图 猩红王蛇（左图）是无毒的，但外形已经进化得与东部珊瑚蛇（下图）非常相似，以此实现自我保护。因为东部珊瑚蛇有毒，捕食者会尽力避免攻击与之相似的生物。

左图 许多蛇可以吞下巨大的猎物，捕食次数很少，大部分时间都不活动。

达 225 千克。紧随其后的是一系列的蟒蛇物种——所有这些重量级的蛇通过缠绕杀死猎物，并且可以捕食体型相当大的哺乳动物（有时也包括人类）。南亚的网纹蟒体重较轻，但可能比绿水蟒更长，体长可达 8 米。还有很多蛇在完全发育时也只有几厘米长——这些蛇以昆虫为食，但是其中有些蛇的毒液足以杀死更大的动物。

大多数蛇产卵并把卵藏在松软的地面上，但是很少有蛇表现出亲代抚育行为。蛇孵化出来的时候已经完全成形，而且，对于可以分泌毒液的蛇来说，刚孵化的幼蛇完全有能力吞噬猎物。蛇往往生长缓慢，尤其是在寒冷的气候条件下，一年中大部分时间都不活动，有些物种可以活几十年。

上图 棕树蛇在 20 世纪 40 年代被意外引入太平洋关岛，对当地鸟类和整个生态系统造成了严重破坏。

蛇毒

大约有600种蛇有毒。它们主要用毒液来杀死猎物，但也用于自卫。蛇的毒液是唾液的一种改良形式，通过毒牙上的凹槽或中空管道注入猎物或攻击者体内。在大多数情况下，毒液会影响血液循环（造成出血或凝血）或神经系统（造成瘫痪），也可能会造成其他影响。猎物或攻击者通常很快就丧失行动能力，不过，它们可能不会很快死亡。只有少数几种蛇对人类来说十分危险，而且它们只有在受到威胁或粗暴对待的情况下才有可能攻击人类。蛇毒治疗包括及时注射正确的抗蛇毒血清。我们通过给实验动物注射小剂量的毒液，然后收集它们的免疫系统产生的抗体来制造抗蛇毒血清。

// 蜥蜴

蛇和蜥蜴是亲缘种，它们组成了有鳞目——有鳞片的爬行动物，并且蛇起源于现存的蜥蜴谱系。如果要我们解释蛇和蜥蜴的不同之处，我们可能会指出蛇没有腿（或缺少腿），但是有几种蜥蜴也没有腿。大多数没有腿的蜥蜴可以通过其他特征很容易地与蛇区分开来。例如，它们拥有眼睑和耳孔，而蛇没有；许多蜥蜴的尾巴可以脱落并再生（这个过程被称为自残）。

大多数蜥蜴的前肢和后肢发育良好，位于身体两侧，呈现扭动爬行的步态，而不是某些哺乳动物（或恐龙）更有效的直立步态。大多数蜥蜴体型小、移动迅速，以昆虫和其他无脊椎动物为食。少数蜥蜴种类是食草或杂食的。巨蜥是体型最大的物种，其中体型最大的是科莫多巨蜥，它是一种可怕的巨兽，体重可超过 70 千克，身长可超过 3 米。和蛇一样，大多数蜥蜴生活在热带和亚热带地区。在较冷的气候条件下，它们大部分时间处于静止状态，并会冬眠数月。极少数蜥蜴种类有毒。

世界上有超过 6000 种蜥蜴，这使得蜥蜴成为迄今为止爬行动物中物种最丰富的一类。其中包括大眼睛、脚趾垫带

左图 大型蜥蜴“黑喉监视器”。这种蜥蜴是半水生的，适应性很强，是强大的捕食者。

下页中部图 壁虎的脚趾垫宽大且有缝隙，带有微小的毛发以提供附着力，并使它们能够轻松地爬上垂直的墙壁。

孤雌生殖

大多数蜥蜴都是按照传统的脊椎动物的繁殖方式繁殖——一只雄性和一只雌性聚在一起，雄性使雌性的卵子受精。然而，一些鞭尾蜥已经进化到只通过孤雌生殖进行繁殖。在这些物种中，没有雄性存在，雌性复制自己的基因。一个基因单一的群体显然比一个更加多样化的群体更容易受到疾病暴发的影响，但是这种繁殖方式的一个优点是，只需要一只雌性就可以建立一个完整的新种群。

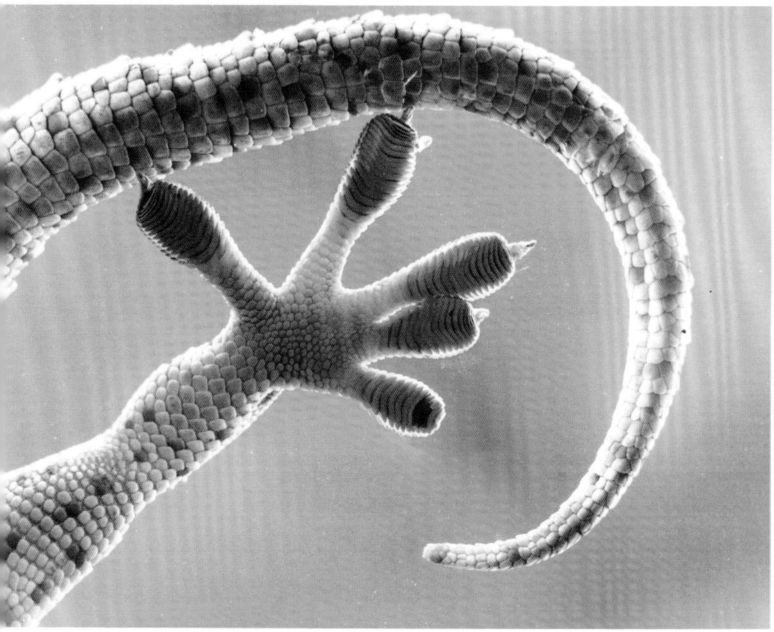

上图 许多变色龙的喉咙上有赘肉，雄性变色龙喉咙上的赘肉往往更大，颜色对比鲜明，用于宣示领地主权。

黏性的爬墙壁虎（脚趾垫带有大量微小的毛发，即使是光滑的表面也能抓住），腿短、穴居的石龙子，以及善于伪装、爬行速度缓慢的变色龙。变色龙以其变色的技能而闻名，它们可以将不同的色素移动到皮肤的不同部位。它们的皮肤上还有一层晶体结构，可以通过改变晶体结构的形状来吸收或反射不同波长的光。

蚓蜥

在所有爬行动物中最奇怪的物种之一是蚓蜥，蚓蜥主要出现在非洲和南美洲，通常被认为是独立于真正的蜥蜴的一个物种。这种小型穴居动物有着长长的身体，没有四肢，拥有环状的外观和几乎看不见的小眼睛，它们看起来和蚯蚓很相似，也同样擅长在软土中挖洞。然而，它们的颌功能齐全，牙齿惊人地大而锋利，能够很容易地捕食体型相当大的猎物。

上图 一些种类的石龙子四肢很小，几乎没有功能，乍一看可能会被误认为是蛇；还有一些完全没有四肢。

//龟

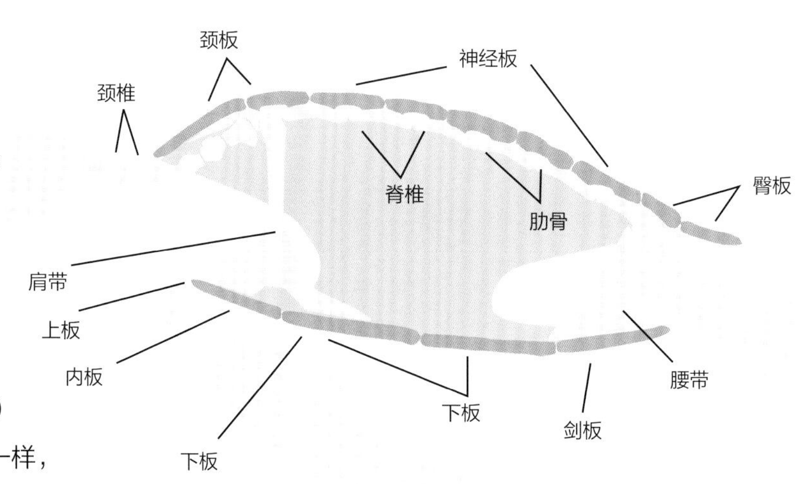

上图 海龟骨架，海龟的背甲和腹甲形成了坚固的保护壳。

独特的保护壳使得龟的辨识度很高。龟属于龟鳖目，全世界现存的龟鳖目动物大约有 300 种。

我们经常误认为龟生活在它们的背甲（上壳）和腹甲（腹板）里，就像蜗牛生活在它们的壳里一样，但是背甲和腹甲都是龟身体的一部分，尤其是背甲。龟的背甲由骨板或软骨板构成，并包含了其体内所有的脊椎和肋骨。龟的颈部很长（有时非常长），但是很多龟可以把头完全缩回壳里保护自己。它们通常有尾巴和粗壮的四肢（海龟拥有的是会游动的鳍状肢）。它们没有牙齿，但是它们的颌骨像喙一样结实，边缘锋利，有时呈锯齿状，代替了牙齿。

陆龟主要是食草动物，行动缓慢。体型较大的陆龟以寿命较长著称，其寿命远远超过其他陆生脊椎动物——有一些经证实的记录显示，它们的寿命往往超过 200 岁。在塞舌尔群岛和科隆群岛已发现几种巨型陆龟，但其中大部分现在已濒临灭绝。一些较小的陆龟可以活 100 多年。体型最大的龟是生活在海洋中的棱皮龟，其身体长度可以超过 2 米，体重可以超过 700 千克。海龟的寿命似乎没有陆龟的长，

下图 与它们体型较小的亲缘种不同，巨型陆龟无法将头和四肢完全缩回壳中。它们的体型和缺乏捕食者的栖息地使这种防御机制变得不再必要。

左图 原产于墨西哥湾的红耳龟需要花大量时间晒太阳以保持体温。

据了解，海龟可以活几十年。

体型较小的龟一直被当作宠物饲养。20 世纪 80 年代，随着儿童玩具龟和娱乐漫画《忍者神龟》的出现，龟的人气急剧上升。但许多龟最终被放归野外，导致非本地龟种群在不同地区定居。红耳龟是一种水龟，也是一种特别受欢迎的宠物，现在在美国和墨西哥南部的许多地区都能找到它们的踪迹。红耳龟被认为是世界上最具入侵性的动物物种之一。

奔向大海

海龟利用其长长的翼状前鳍缓慢地在水下游泳，拥有其他种类的龟所无法比拟的优雅。海龟与海豹和企鹅一样适应水下生活，但是也像这些动物一样，它们仍然需要回到陆地上繁殖。雌性海龟有时会回到它们出生的海滩，在海滩上挖一个洞，在里面产下软壳的卵。几个月后，小海龟孵化出来，钻出海滩，匆忙地奔向大海，一路上躲避捕食者的注意。所有的海龟物种（现存7个）都面临灭绝的威胁，为了帮助它们，人类做了一系列的保护工作，包括派遣志愿者守卫海龟筑巢的海滩，以及护送刚孵化的海龟安全地进入大海等。

上图 在奔向大海的过程中，小海龟利用照在海面上的太阳光作为导航，在人造光线强烈的地方，它们会迷失方向。

鳄鱼

鳄目是爬行纲的一目，由不到 30 种大型的、强壮的水生动物组成，这些动物有长长的尾巴和长长的鼻子，还有厚厚的鳞状皮肤，有些在整个躯干和尾巴上都长着一排排的尖刺。鳄鱼弯曲的牙齿更适合咬住猎物而不是直接把猎物撕成碎片——在用牙齿咬住大型猎物的同时，鳄鱼会迅速翻滚其身体，将其撕成碎片。许多鳄鱼物种具有巨大的咬合力。一些鳄鱼是陆生脊椎动物的重要捕食者，而其他鳄鱼则主要以鱼为食。

虽然鳄鱼主要在水中生活和狩猎，但它们可以在陆地上快速移动，并可以转换扭动爬行和直立行走的步态。然而，它们大部分时间是静止不动的，要么在阳光下晒太阳，要么在水中休息，在水中它们的心率可能会降到每分钟 2 次。鳄鱼的典型特征是新陈代谢缓慢——它们不需要经常进食，有些一口气可以在水下待长达 2 个小时。

雌性鳄鱼通常会把它们的卵埋在沙滩或软土里，并且会照顾这些卵和刚孵化的幼鳄（这对于爬行动物来说不常见）。

上图 恒河鳄是一种现在在野外极度濒危的南亚鳄鱼，它们的鼻子很独特，长而纤细，是捕鱼的完美工具。

下图 年幼的美国短吻鳄会与它们的母亲待在一起至少一年，有时甚至更长，然后才被赶出母亲的领地。

上图 黑凯门鳄几乎处于亚马孙河流域食物链的顶端，但一些美洲虎专门捕猎这种危险的猎物。

性别决定

鳄鱼卵需要温暖的环境才能发育，雌性鳄鱼可以通过增加或减少它们周围的土壤量来调节孵化温度。孵化温度影响幼鳄的性别，较高的温度（32 ℃以上）会产生更多的雄性后代，较低的温度（低于31 ℃）会产生更多的雌性后代。在大多数其他脊椎动物中，性别是由遗传自父母的染色体决定的，但是在一些爬行动物中，性别是由孵化温度决定的。

上图 鳄鱼在爬行动物中是不寻常的，它们表现出高水平的亲代抚育行为。

它们可以用各种不同的叫声与幼鳄交流。这种情况甚至发生在鳄鱼卵孵化之前，有助于鳄鱼卵在同一时间孵化，然后紧密地待在一起，从而更有效地躲避捕食者。

世界上最小的鳄鱼是库维尔侏儒凯门鳄，其雄性个体平均长 1.6 米。雄性湾鳄是世界上体型最大的鳄鱼物种，体长可达 6 米，重量可超过 1000 千克。另一个大型物种是恒河鳄，它们的体长可以达到湾鳄的长度，但体重要比湾鳄轻得多（很少超过 150 千克）——它们身体的很大一部分是异常长而纤细的鼻子，这是捕鱼的完美工具。

一些鳄鱼有能力攻击和杀死人类，其中湾鳄是最危险的物种。然而，与鳄鱼对人类的威胁相比，人类对鳄鱼的威胁要大得多——许多鳄鱼物种因为它们可用于制作装饰物品的鳞片皮肤以及它们的肉而遭到过度捕杀。一些大型食肉哺乳动物对鳄鱼来说也很危险——在南美洲，体型较大的雄性美洲虎甚至可能会攻击体型和自己一样大的成年凯门鳄，它们依靠出其不意和对头部准确致命的撕咬来制服这种潜在的致命猎物。

鸟类进化系统树

几亿年前，恐龙统治了地球，而如今鸟类统治了天空。第一批真正的鸟类是从恐龙的一个谱系中出现的，这远在导致恐龙灭绝的大灭绝事件发生之前。然而，一些我们认为鸟类独有的特征（例如全身覆盖羽毛，以及用体温孵化卵等），也存在于其他非鸟类恐龙中。

鸟类起源于兽脚亚目，兽脚亚目包括强大的霸王龙，也包括许多体型更小、更轻的恐龙。它们有能力调节自己的体温（借助身体羽毛的吸热能力，它们可以提高自己的体温），用两条腿移动，并且前翼的羽毛更长，以帮助它们跳得更远甚至滑翔。始祖鸟是一种早期的鸟类，其化石大约有 1.5 亿年的历史，它们拥有正常大小的翅膀，完全能够自主飞行，并拥有现代鸟类已经失去的很多器官，包括翅膀上的爪子、长骨尾巴和牙齿等。

我们在现代鸟类身上看到的许多适应性特征都是为了减轻体重——在飞行方面，身体越轻需要的能量越少。鸟类的骨骼比例较小，其体内一些标准的四足动物所具备的骨骼已减少或缺失，并且一些较大的骨骼中还存在空腔。鸟类的翅膀和尾巴主要由大而灵活且结实的羽毛而非骨骼构成，它们用较轻的角蛋白喙取代了较重的牙齿。用体温孵化卵的能力意味着鸟类几乎可以在任何地方筑巢，而不是像大多数爬行动物那样需要松软的土壤，这一点加上飞行的能力使得它们能够到达并定居在地球上几乎每一个角落。

如今已知的鸟类大约有 10000 种，科学家将它们分为 20 多个目。尽管它们显示出丰富的物种多样性，但与哺乳动物、两栖动物和爬行动物相比，它们的体形变化相当有限。几乎所有的鸟都有两只翅膀、两条腿和一个喙，身体被羽毛覆盖，很容易被识别。鸟类开发了各种各样的栖息地，展示了各种不同的生活方式。

下图 麝雉是世界上唯一一种前肢上有功能性爪的鸟类——这是它们的恐龙祖先遗传下来的。幼小的麝雉用翼爪来帮助它们在树枝间攀爬，待它们成年后，翼爪就消失了。

上图 这张树状图显示了一些种群规模较大的鸟类之间的进化关系。趋同进化在整个鸟类世界都很突出，例如，我们可以从图中看出，尽管鹰和隼在外观上非常相似，但它们之间并没有密切的亲缘关系。

趋同进化

在整个动物界，我们看到一些物种的外观和行为都相似，但它们的亲缘关系并不密切。栉水母很像水母，蚓蜥和蚓螈看起来像蚯蚓，海豚则像鱼。这就是趋同进化——相似的环境条件驱动着不同生物朝着相似的身体形态进化。在鸟类世界里有很多这样的例子。在水中游泳和潜水的身体较长的鸟类包括鸭子、䴙䴘、黑水鸡和海雀等。在飞行中捕捉昆虫猎物、飞行速度快、嘴巴宽的鸟类包括燕子，以及与之没有亲缘关系的雨燕和夜鹰。揭示这些物种真正进化路径的研究涉及解剖学，更多地涉及对DNA的研究，在研究中，每年都会有令人惊讶的发现。

左图 海鸥和海燕虽然没有亲缘关系，但它们都是海鸟，外形上有相似之处。这两个群体提供了一个令人难以置信的，在全球分布的远端趋同进化的例子。雪鹱（上图）和象牙鸥（下图）分别在南极和高纬度的北极繁殖，它们对恶劣环境的适应性惊人地相似。

灭绝的鸟类

鸟类这一群体的进化非常成功——在恐龙进化系统树中，只有鸟类在约 6600 万年前发生的大灭绝事件中幸存了下来，然后充分利用了生存机会在世界各地繁衍，并且越来越多样化。然而，在鸟类进化过程中，许多物种确实被完全淘汰了，其中包含所有已灭绝动物中最著名的一些。

渡渡鸟几乎是灭绝的同义词。在人类中广为流行的有关它们的描述夸大了这一点，这些描述与我们欣赏的关于鸟类的一切都背道而驰——它们不会飞，又大又胖，比例奇特且长相丑陋。难怪它们灭绝了。然而，实际上，这些奇特的鸟和其他动物一样能适应环境。

它们从生活在相对年轻的毛里求斯火山岛上的可飞行祖先进化而来，那里没有捕食性哺乳动物。能够飞行不再是生存的必要条件，它们进化成了更大、更重的鸟类，因为大大的身体更能有效地消耗能量。所以，渡渡鸟并不是天生就胖乎乎的，它们的行动也并非那么缓慢（“肥胖而蹒跚”的渡渡鸟图像是基于一只过度喂食的圈养鸟的形象画出来的）。

岛屿灭绝

飞行的能力使得鸟类比其他脊椎动物更有可能到达偏远的岛屿并定居下来。然而，那些在没有捕食者的岛屿上常住的鸟类种群，在繁衍许多代后往往失去飞行能力。如果鸟类不需要迁徙，也不需要飞到空中逃离陆地上的捕食者，那么飞行就成了一种消耗能量的奢侈技能。对于陆生鸟类来说，如果它们的体重相对较重，对饥饿的抵抗力也较强，那么它们的生存状况就会好得多，而且这样，它们每年也不必再为长出一整套长而结实的飞羽而消耗大量的蛋白质。简而言之，这些鸟在较高的选择压力下飞行能力变得更弱，甚至完全不会飞行。这种可预测的进化路径导致了同样可预测的结果。一旦人类，以及他们带来的猫、老鼠、猪和狗等到达并在这些岛屿定居，由于没有进化出抵御陆生捕食者的能力，而且只有很小的地理分布范围和种群，许多鸟类很快就会灭绝。例如，一些野生猫科动物用了不到一年的时间就彻底消灭了斯蒂芬岛异鹩，这是世界上已知最小的不会飞行的鸟类，于1894或1895年灭绝。

左图 象牙喙啄木鸟的标本。象牙喙啄木鸟是世界上最大的啄木鸟之一，最后一次被人看到是在 1944 年的美国路易斯安那州，但有传言说它们还活着，只是没有被发现。

上图 艺术家对冠恐鸟的印象。冠恐鸟是一种分布广泛的高大而强壮的鸟类，其中一些站起来比人还高，尽管它们可能是食草动物。

左图 在18世纪人类（和他们的家畜）定居夏威夷群岛之后不久，异嘴鸭就灭绝了，在这之前，它们一直是夏威夷群岛中占主导地位的大型食草动物。

下图 旅鸽曾经是北美数量最丰富的鸟类，但在短短几个世纪内就被过度捕猎，而后彻底灭绝，最后一只旅鸽于1914年死于辛辛那提动物园。

但是，它们没有能力应对饥饿的人类和非本地捕食性哺乳动物（如老鼠）的到来。人类第一次到访毛里求斯是在15世纪早期，最后一只野生渡渡鸟是在17世纪中叶被发现的。

在新西兰，鸟类也曾进化出丰富的种群，因为当时那里几乎没有陆生哺乳动物。其中有巨大的、不会飞的恐鸟，它们以植物为食，群居，行为很像鹿和羚羊；还有以它们为食的有史以来最大的猛禽哈斯特鹰。但到15世纪末，新西兰的第一批人类殖民者已经消灭了恐鸟和鹰——最后一只恐鸟是高地恐鸟，一种生活在人类相对难以进入的南岛高地的小型物种。类似的命运也降临在了夏威夷本土物种异嘴鸭身上。

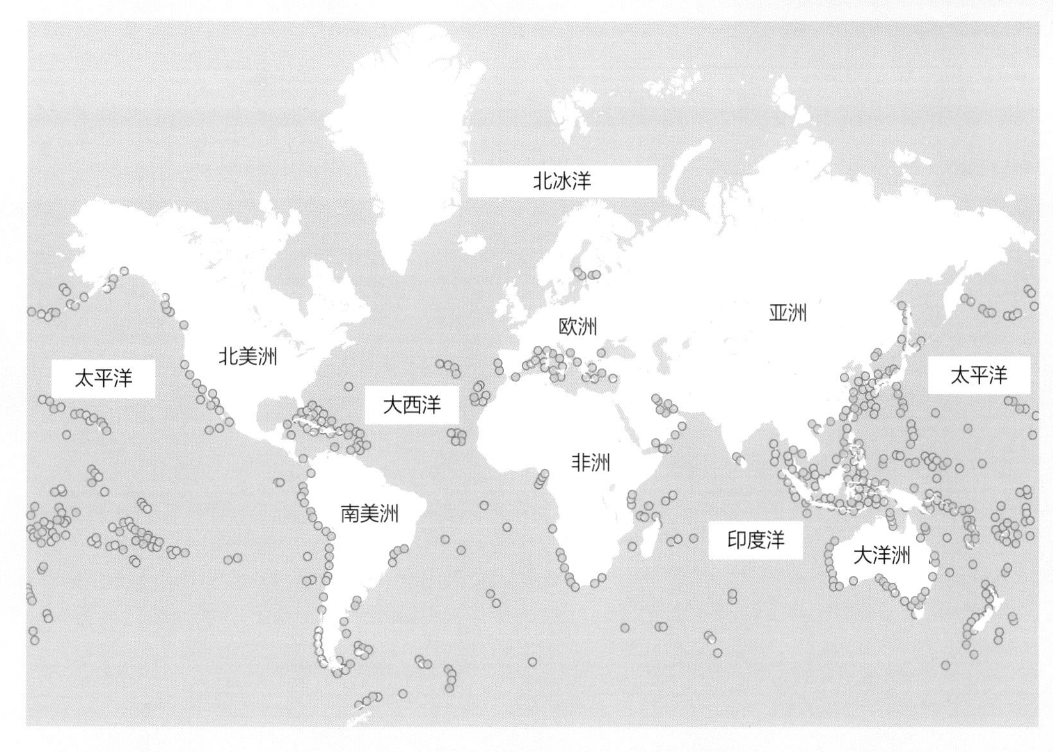

左图 这张地图突出显示了近年来鸟类灭绝最严重的地区。一般来说，岛屿物种比大陆物种更容易受到伤害。

羽毛

鸟类是唯一拥有羽毛的现代动物。一般认为，羽毛是由长在鳄鱼等爬行动物身上的鳞片演化而来的。羽毛和鳞片都是由一种叫作角蛋白的轻质蛋白质构成的。最初的羽毛可能只是用来帮助动物保持身体温暖，使它们能够自我调节体温。然而，目前，羽毛已经进化为各种各样的形状，并且具有各种不同的功能。

典型的羽毛包含根植于皮肤的羽轴或羽干。它的羽支有自己的细小分支——羽小支。在廓羽中，带倒钩的羽小支“钩”在上面和下面的羽小支上，形成一个连续但灵活的表面。在绒羽中（以及廓羽的基部），羽小支没有倒钩，并且羽支也没有相互连接，绒羽通常柔软蓬松。绒羽会形成充满空气的空间，空气被廓羽困在鸟的皮肤周围。每根羽毛都可以随单独的肌肉移动，这意味着鸟类整个身体的羽毛可以根据其需要变得蓬松或光滑，以保持或释放身体热量。

羽毛角蛋白可以与色素混合，羽毛的微结构也可以选择

羽毛结构

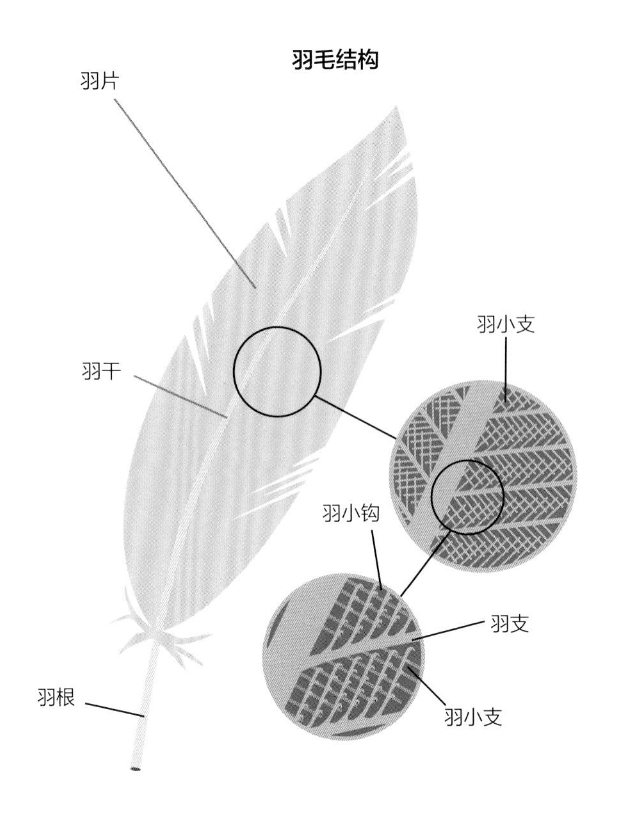

下图 光线的方向会影响鸟类羽毛的色泽和强度，从而产生耀眼、闪烁的效果。

左图 羽毛的蓬松使得靠近皮肤的空气迅速变暖，帮助像旅鸫这样的鸟类在冬天保持温暖。

下图 可以肯定的是，异常细长的羽毛，比如萨克森极乐鸟头部的羽毛，是用于求偶和宣告领地主权的。

性地反射某些波长的光。这两个因素赋予了鸟类奇妙的色彩和图案，比如猫头鹰令人难以置信的由各种浓度的黑色素形成的伪装，以及令人眼花缭乱的蓝色、绿色和紫罗兰色的蜂鸟。一些鸟类还拥有特殊的、形状不同寻常的装饰性羽毛，可用于求偶——最著名的是孔雀巨大、细长的尾上覆羽，完全展开时像一把被举起的扇子。

翅膀和尾巴上的长飞羽和尾羽提供了极其轻巧、可抗空气阻力的表面，使鸟类能够在空中飞行，并能很好地控制在空中的运动。翅膀上的飞羽呈翼状，羽轴靠近前缘。当鸟类在空中向前飞行时，这有助于提供升力。

换羽

大多数鸟类每年在繁殖季节结束后换一次全身羽毛。这个过程通常是非常缓慢的，所以在此期间它们并不会完全失去飞行能力（或者秃毛）——对于一些大型鸟类来说，换羽可能需要几个月的时间，但是大多数小型鸟类只需要几周就能完成换羽。换羽也是换装的好机会，鸟类通常会换成颜色不那么鲜艳的非繁殖羽，然后在繁殖季节到来之前，它们会进行一次额外的部分换羽（换上颜色更加鲜艳的繁殖羽）。大多数羽毛至少需要生长几个月，所以鸟类会花费大量的时间来照顾它们的羽毛，比如梳理羽毛和进行各种形式的沐浴等。

// 鸟类的飞行能力

飞行带来了许多进化机会。通过飞行，鸟类已经成功地在地球上几乎所有的土地上定居。即使是极少迁徙且终生生活在同一小片土地上的鸟类，也能受益于飞行、在高于地面的地方获取食物和筑巢，以及从一个地方快速有效地移动到另一个地方的能力。

成功的动力飞行需要使用推力来克服阻力，并使用升力来克服重力。鸟类通过拍翼，有时也通过助跑获得推力，升力也是通过拍翼获得的，但也可以通过翅膀的形状被动获得。鸟类也利用自然空气条件来获得升力和推力，以节省体力，比如，利用热气流（上升的暖空气）翱翔，低空飞行的海鸟还会利用不断变化的水平风速产生的水平动气流翱翔——这被称为动态翱翔。

大多数不会飞行的鸟类都是由会飞的祖先进化而来的。许多鸟类物种是在没有捕食者的岛屿上进化的。还有一些则适应了极端环境（在这些环境中捕食者很少受到关注），或者非常善于隐藏，或者会因体型太大而令捕食者感到恐惧，因此，它们不害怕捕食者。平胸鸟——非洲鸵鸟、大美洲鸵、鸸鹋、鹤鸵和鹬鸵等就属于这种大型鸟类，但鹬鸵尤为特别，它们是在没有哺乳动物捕食者的新西兰进化的。

一些海鸟不会飞行，其中最著名的是企鹅——它们大多

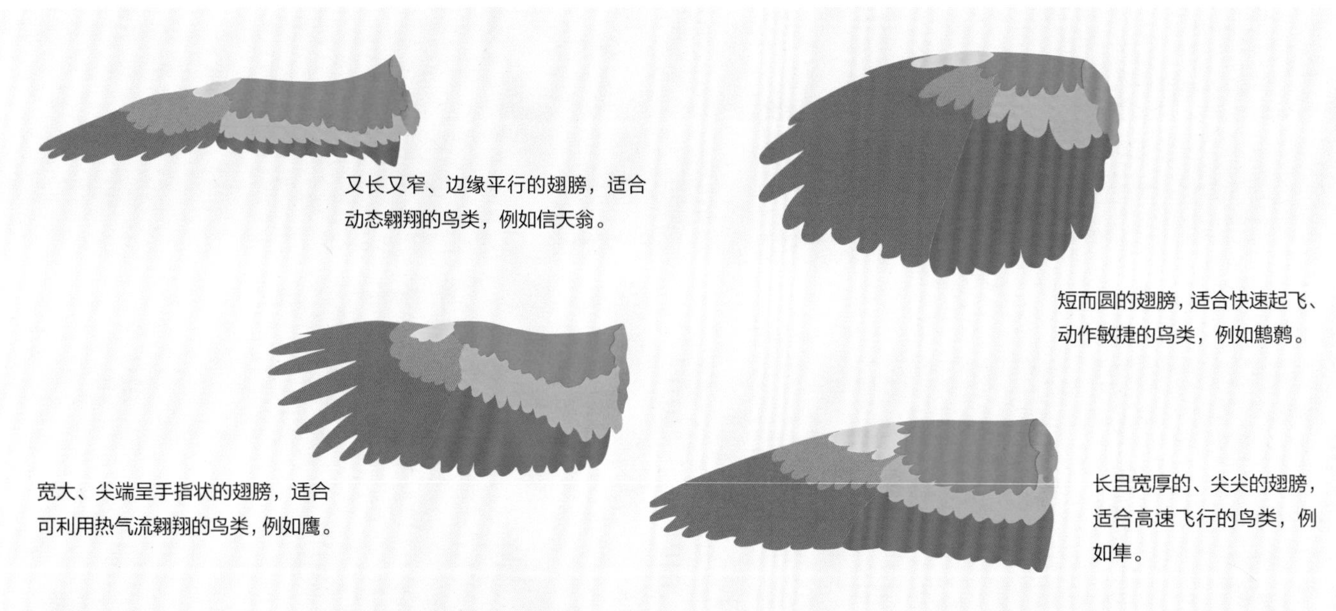

图例

- 初级飞羽
- 次级飞羽
- 初级覆羽
- 次级覆羽
- 小翼羽
- 边缘覆羽
- 肩羽

翅膀形状和飞行方式

如果你去观察不同鸟类的飞行，你会发现它们翅膀的形状有所不同。这反映了它们的进化关系，也反映了它们飞行的方式。隼和燕子的翅膀宽大而长，从靠近身体的一端开始逐渐变细，到翅尖变成一个点，它们利用快速振动的翅膀快速有力地飞行。信天翁和其他一些海鸟的翅膀更长，也更窄，边缘平行，以适应高效、省力的动态翱翔。鸣禽的翅膀往往又短又圆——它们的飞行耗能很大，但却很敏捷。猛禽拥有较长但末端呈圆形的翅膀，并能用扇形的飞羽获得额外的升力。这种耗能非常小的飞行方式使得猛禽能够在热气流的帮助下在空中停留数小时。翅膀表面积与身体重量的比例决定了鸟类必须向飞行中投入多少能量——像仓鸮和鸮这样翅膀大、体重轻的鸟类，其翅膀负荷非常小，能够长时间持续飞行，这使得它们能够在靠近地面的地方高效捕食，并通过声音找到猎物。

栖息在没有捕食者的海岸和岛屿上，牺牲飞行能力使它们成了更高效的游泳者和潜水者。在北半球，海雀进行了与企鹅类似的进化——它们使用呈鳍状的短翅膀在水下深处遨游，拥有密集、高度防水的羽毛，但它们仍然能够飞到海平面以上没有捕食者的筑巢地点。

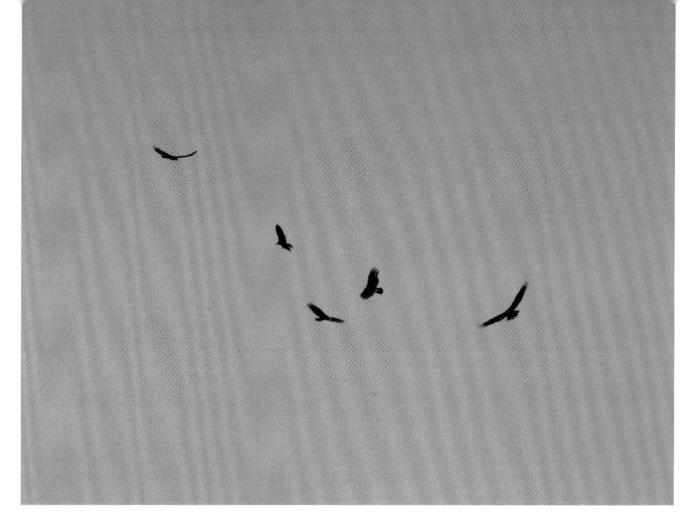

上图 猛禽通常不喜群居，但是当它们需要飞得更高时，它们经常会“共享”热气流。

左图 重量轻的身体和长而宽的翅膀使得仓鸮翅膀的负荷较小。这种鸟也会迎风飞行，这使得它们缓慢的狩猎飞行更有效率。

上图 在俯冲过程中，游隼可以加速到 322 千米 / 时。它们的鼻孔里有肉质的“挡板”，以应付俯冲时的气压。

左图 蜂鸟的飞行耗能巨大，它们飞行前需要食用大量高糖食物，它们在悬停的时候，每秒钟可以拍动翅膀 80 次，甚至可以向后飞。

// 鸟类的感官和智力

所有的生物都是通过感官来理解世界的，但即使是在相同的环境中，个体的感官体验也可能完全不同。凭借它们绚丽的色彩和非凡的歌声，鸟类生活在一个以视觉和听觉为主的世界中。这使得它们比除我们之外的大多数哺乳动物（这些动物的世界更多地是由它们的嗅觉塑造的）与我们的亲缘关系都近。

猛禽以其敏锐的视觉著称，能够发现在很远的地方移动的猎物。它们的眼睛不会放大猎物，但确实比我们的能分辨出更多的细节。鸟类的色觉也优于我们。它们的视网膜包含比我们更多的不同种类的颜色感知细胞，一些鸟类还可以看到反射的紫外线，这使得它们的羽毛在彼此眼里显得更加生动。可以分辨出颜色细节的能力有助于鸟类觅食，也有助于它们交流。鲜艳的颜色是身体健康的真实信号，因此色彩更丰富的雄鸟对雌鸟更有吸引力，它们的美丽使其他雄鸟不敢挑战它们。

夜行性鸟类的视网膜很大，里面装满了感光细胞视杆细胞（而不是感应颜色的视锥细胞），因此即使在微弱的光线下它们也能看得清楚。在某些情况下，它们视网膜后面的反光膜会反射光线，这样视网膜就有了二次接收光线的机会。猫头鹰眼睛的大小和形状使得它们眼部的活动能力较差，因此它们用极其灵活的颈部和快速的头部运动来弥补。大多数鸟类的眼睛位于头部两侧，视野非常广阔。鸟类捕食者的眼睛往往朝向前方，视野有限，但在双眼视野重叠的区域有更好的深度觉，从而可以准确地锁定猎物。

鸟类智力差异很大。那些投机取食有时还会捕食的物种往往是最聪明的，乌鸦被公认为最聪明的鸟类之一。它们不

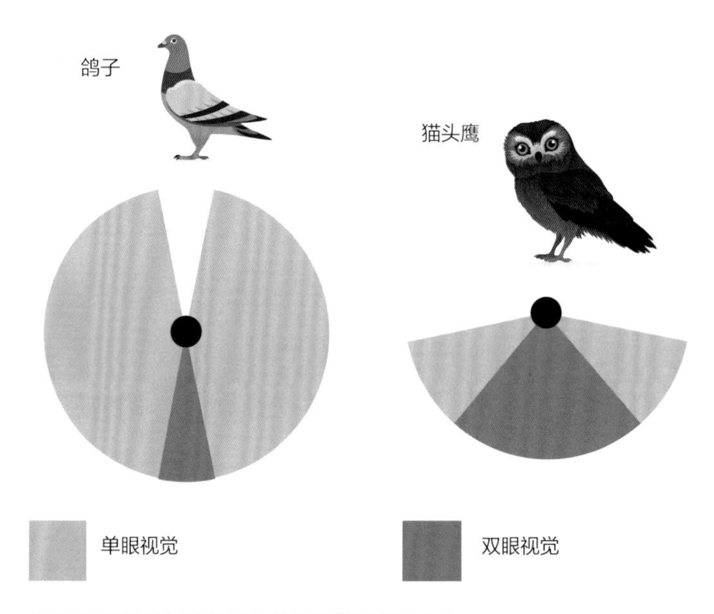

上图 眼睛的位置决定了鸟类视野的形状和大小。

上图 猫头鹰的耳洞位于其由硬毛组成的可以传递声音的面盘边缘。

听觉、嗅觉、味觉、触觉等

许多鸟靠声音交流。有些是模仿专家，它们聆听所处环境里各种各样的声音，并模仿这些声音。低空飞行的鸟类捕食者利用声音寻找猎物。猫头鹰热衷于聆听各种声音，它们的面盘可充当抛物线反射器，直接将声音引导至它们的耳朵。

食腐鸟类（无论是在陆地还是在海洋中生活）都有敏锐的嗅觉，可以从几千米以外追踪尸体。它们的味觉通常不发达，但也有例外。许多鸟类都有很好的触觉，它们通过细小的毛发状羽毛——细羽感知外部环境，这种羽毛在面部尤其集中。有些鸟类可以感知地球磁场——这种能力在长距离迁徙的鸟类身上尤其明显，它们在出生后的第一年必须在没有任何经验的情况下完成充满挑战的旅程。

上图 鹦鹉以高智商著称。啄羊鹦鹉是一种生活在新西兰的调皮又好奇的鸟，它们会攻击停放的汽车，拆掉挡风玻璃上的雨刷和橡胶密封圈。

仅会使用工具来完成任务，还会使用某种工具制作其他工具。它们可以轻松识别出不同的人脸，有的还能认出镜子里的自己，表现出一种在动物中非常罕见的“自我概念”。鹦鹉也非常聪明，拥有先进的社会体系和敏锐的记忆力，能够回忆起它们领地内每棵树的果实何时成熟。

右图 鹬鸵主要通过嗅觉来寻找食物。它们独特的鼻孔位于长喙的顶端，这有助于它们找到食物。

鸟喙和鸟脚

上图 刀嘴蜂鸟已适应从花冠很长的特殊花朵中采取花蜜。

下图 火烈鸟因食用从水中滤出的许多（体内含色素细胞的）小型水生甲壳动物而呈现粉红色。

与其他四足动物相比，鸟类在更好地适应飞行生活的进化过程中做出了某些牺牲。它们的前肢进化为了翅膀，可用于飞行，并且在少数情况下可用于在水下游泳，但不适合步行或攀爬，当然也不适合拿取物体。它们没有牙齿，这意味着它们在摄食时面临额外的挑战。由于这些原因，鸟类在喙和脚的形态方面可能最多样化，喙和脚是鸟类用来与外界进行肢体交流的主要工具。

鸟类有一个细长的喙（位于头骨前部），其上、下颌骨极度前伸，形成喙的上部和下部。这些骨质部分被一层轻而硬的角蛋白鞘覆盖，通常具有明亮的颜色。角蛋白鞘会不断生长和磨损。在大多数情况下，喙的上部和下部的尖端会相遇，但在某些物种（例如猛禽）中，喙的尖端向下弯曲，呈钩状，可以用来撕裂食物。

那些以种子、坚果和一些水果等固体食物为食的物种往往有厚实的喙和强壮的颌部肌肉，可以在吞咽前压碎食物。鹦鹉的喙就是这样的，并且还有一个钩状的尖端，在树枝间

上图 巨嘴鸟的两个脚趾朝前，两个脚趾朝后，它们擅于在树枝间攀爬，以寻找水果吃。

攀爬时可以用作额外的“脚”。相比之下，细长的喙适合用于摄取只能在缝隙中才能找到的柔软食物——在泥滩上觅食的滨鸟和以花蜜为食的蜂鸟都具有这种形状的喙。

大多数鸟类的脚趾中有三个向前，一个向后。那些在地面上奔跑的鸟类，其后脚趾往往较短，前脚趾往往宽而坚硬——跑得最快的鸟类鸵鸟只有两个大的前脚趾而没有后脚趾。然而，也有一些较小的在地面上奔跑的鸟类有一个正常的、较长的后脚趾，当它们奔跑时，后脚趾会提供抓地力，使鸟类能平稳奔跑。

在树上栖息的鸟类和擅长攀爬的鸟类，其脚趾更细，爪子更长，后脚趾更发达；某些鸟类（例如啄木鸟和鹦鹉等）最外面的前脚趾向后旋转，从而提供更好的抓地力。苍鹭和鹬等涉水鸟类的腿很长，脚趾也又细又长。猛禽的爪子坚硬、锋利并弯曲，可以抓住猎物。会游泳的鸟类大多有蹼足，脚趾之间有皮膜，呈桨状。有些有肉质的叶状瓣膜而不是完整的蹼，在少数情况下，后脚趾通过蹼连接到前脚趾。

不同寻常的环境适应

最奇怪的鸟喙通常指向高度专门化的摄食或喂养方式。交嘴雀带有交叉喙尖，这是它们用来从松果中取出种子的工具。它们用坚硬的双脚抓住松果，将松果的外壳分开。锯嘴鸭的喙边缘呈锯齿状，就像小型尖牙——这可以帮助它们紧紧咬住它们吃下的滑溜溜的鱼。火烈鸟的喙几乎呈直角向下弯曲，颌骨很厚，它们将头部倒置于水中，通过使用喙边缘的毛状结构（薄片）过滤出微小的无脊椎动物摄食。

上图 䴙䴘是游泳和潜水专家，脚趾间通过宽大的叶状瓣膜，而不是蹼连接。

海鸟及其适应性

许多不同的鸟类已经适应在海洋环境中觅食。然而，没有哪种鸟可以在海上度过一生——它们仍然必须上岸繁殖。真正的海鸟从海洋环境中获取所有食物，但需要安全、干燥、足够大的领地来筑巢。这意味着它们通常会在崎岖不平的海岸和岛屿上密集群居。在世界上一些更偏远或环境恶劣的地方，海鸟群落是整个生态系统的基础。

上图 当摄食时，剪嘴鸥会张开嘴，在飞行中将它们细长的下颌伸入水中，猛咬猎物。

来自海洋的食物范围很广，包括深海鱼类、头足动物，以及大型海洋哺乳动物的漂浮遗骸。潜水觅食的海鸟包括企鹅和海雀，它们可在水面游泳，也可潜至水下深处；还有鹈鹕和燕鸥，它们是优雅的长翅飞行鸟类，头朝下从空中俯冲，利用重力进行短时间的潜水。鸬鹚用脚提供潜水动力——它们的脚是全掌状的（用蹼将发达的后脚趾连接到前脚趾），作用类似于船桨。它们的羽毛缺乏防水功能，因此自然浮力较小，在浅水处游泳时消耗的能量较少，不像企鹅和海雀，企鹅和海雀必须潜入深处才能克服自身浮力。

主要在水面觅食的海鸟包括海鸥（它们是杂食动物，也在陆地上觅食）和较小的有管状鼻的鸟类，如海燕及其亲缘种（它们具有高度发达的嗅觉，可定位漂浮的食物）。较大的有管状鼻的鸟类（如信天翁等）也可以潜水觅食，但海燕才是潜水觅食的专家。

一些海鸟很擅长飞行。剪嘴鸥和鹲在飞行中摄食，它们很少在海面上停留。而军舰鸟根本不会游泳，它们行偷窃寄生——它们倾向于从其他海鸟那里偷猎物，而不是自己捕猎。贼鸥是海鸥的亲缘种，也偷窃食物，但它们也会在海岸线上觅食，有时还会杀死和吃掉其他鸟类。

右图 幼年信天翁可能需要 5 个月或更长的时间才能达到羽化年龄。每只幼年信天翁的亲代投入都是巨大的。

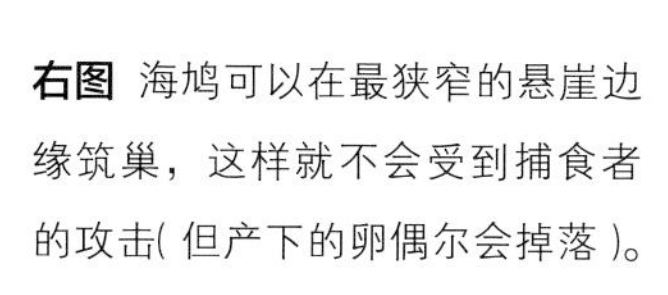

右图 海鸠可以在最狭窄的悬崖边缘筑巢，这样就不会受到捕食者的攻击（但产下的卵偶尔会掉落）。

中部图 鹈鹕和鲣鸟的鼻孔长在喙里，这样当它们跳入水中捕鱼时，水便不会通过鼻孔进入体内。

许多海鸟的寿命非常长，已知信天翁至少可以活到 60 岁，即便是小小的海燕也可以活到 30 岁。如此长的寿命有助于弥补它们繁殖速度缓慢的缺陷，许多海鸟在一个季节只产一枚卵，有些不会每年都繁殖。它们还倾向于形成牢固而持久的伴侣关系，雌雄一方留在巢中，另一方则为家庭觅食，有时连续几天都是如此。

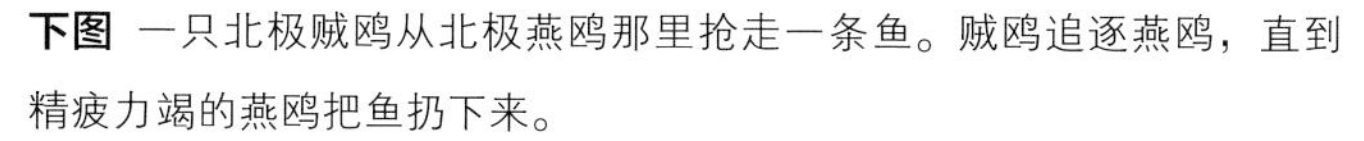

下图 一只北极贼鸥从北极燕鸥那里抢走一条鱼。贼鸥追逐燕鸥，直到精疲力竭的燕鸥把鱼扔下来。

盐溶液

脊椎动物的肾脏是一个可以有效过滤血液中多余盐分的系统，但它的能力不是无限的，大多数陆生脊椎动物需要饮用淡水。淡水对海鸟来说是极为短缺的，因此它们必须定期返回陆地，这严重限制了它们的行动自由。然而，海鸟可以利用它们的盐腺来饮用海水。盐腺位于鸟类头部，当血液流过时，盐腺会主动将盐分泵出血液。由此产生的高浓度含盐溶液通过喙或鼻孔排出——你可能会注意到一只海鸥或其他海鸟不时地喷出飞沫。由于盐腺的存在，一只年轻的信天翁可以在海上生活6年，在准备好寻找配偶之前，它不需要返回陆地。

肉食性鸟类

许多鸟类以其他动物，主要是昆虫为食，也有相当多的鸟类以鱼类为食，但很少有鸟类经常捕食其他陆生脊椎动物。然而，确实有一些是专门捕食这种特别具有挑战性的猎物的——特别是鹰及其亲缘种、猫头鹰和隼。这三个群体彼此之间的亲缘关系并不密切，但表现出一系列相似的适应性——最明显的是它们的钩状喙和锋利的爪子。

上图 雀鹰捕食其他鸟类，它们用爪子强有力地按压猎物，使其丧失行动能力。

对于鸟类来说，捕食哺乳动物和其他鸟类是一种特别具有挑战性的生活方式。它们的猎物通常强壮、聪明并且反应灵敏，不容易被抓住。因此，捕食者需要拥有智慧和力量，并使用隐身等策略谨慎捕食，同时要避免自己受伤。捕猎可能是主动的，捕食者搜索并利用其敏锐的视觉（在某些情况下，还利用听觉）发现猎物，或者被动地潜伏在一个隐蔽的地方，等待猎物出现在其攻击范围内。大多数猫头鹰使用后一种策略，而鹰和隼往往会根据具体情况将这两种策略结合使用。隼食肉，擅长在户外快速俯冲和持续追逐。鹰动作敏捷，经常从高空俯冲，

上图 蜗鸢有长而细且弯曲坚硬的爪子和喙，以捕食它们最喜欢的食物。

独特的猎手

有些肉食性鸟类的食物十分罕见，或者说十分稀缺。例如，蜂鹰攻击黄蜂的巢穴，把黄蜂挖出来，用它们长长的钩状喙将其撕开。这种鸟的面部皮肤很厚，以防被蜇伤。蜗鸢也有一个钩状喙，用来把蜗牛从壳里叼出来。艾氏隼，一种生活在地中海岛屿上的鸟类猎手，已把繁殖季节调整到秋季，这样它们就可以捕捉许多向南迁徙的鸣禽来喂养雏鸟。

短耳鸮优先捕食一种草原田鼠（欧洲的短耳鸮捕食黑田鼠），它们会进行大规模的迁徙，以跟踪数量不断波动的田鼠种群。在食物资源丰富的时候，它们会大量繁殖。大多数其他种类的猫头鹰有着非常不同的生活方式——它们一年四季守着一小块领地，捕食任何它们能捕获的生物。

利用自然掩护在猎物发觉之前接近猎物，然后进行快速攻击。

猛禽通常用脚抓住猎物，它们的脚很坚硬，尖尖的爪子又长又弯曲。凭借攻击力和脚的抓力，它们可能会杀死猎物，也可能会造成致命的咬伤。鹰的喙有一个凹口，正是用于此目的。然而，并不是所有的猛禽都能迅速杀死猎物，或者必须将猎物活生生地吃掉，但它们需要用脚尽可能地控制住猎物。当它们咬住活的猎物时，它们通常会闭上眼睛以保护自己，并通过喙周围的细丝状羽毛来感知猎物的行为。

上图 大多数猛禽是非群居的，但是穴鸮以家庭为单位生活，家庭成员一起守卫它们的地下巢穴。

左图 许多鸟类会围攻并骚扰猛禽，试图赶走猛禽，尽管这意味着它们自己需要冒着被猛禽抓住的风险。

// 鸟类和它们的歌声

林地散步的一大乐趣是你可以欣赏鸟鸣，尤其是在一天的开始和结束时。几乎所有的鸟类都可以发出一连串的叫声，但最有名的是雀形目鸟类或我们通常所说的鸣禽。歌声和叫声提供了一种非视觉的交流方式，因此在杂乱的环境中特别有用，例如林地，在那里鸟类很难看到彼此。

鸟类通过鸣叫让其他鸟知道它们的存在，或者将其作为警告、乞食或仅作为鸟群成员保持联系的一种方式。歌声是鸟类用来宣示领地主权、警告同性竞争对手的一种特殊方式，有时（如果它们未配对）是为了吸引伴侣，主要（但不完全）由雄鸟发出。鸟类的歌声往往比叫声更长、更复杂。每个物种的歌声都是独一无二的——在某些情况下，这些歌声似非常美妙的笛音编曲，在其他情况下，它们似奇异的机械声或约德尔调。许多有成就的歌手会将鸟类和其他当地环境的声音融入他们的歌曲中。迁徙的湿地苇莺能模仿其他 70 多种鸟类的叫声——其中一些声音是在欧亚大陆的繁殖地学会的，其余的则是在非洲东南部的冬天学会的。

雀形目是鸟类中目前为止最大的一个目，包含约 6500 种鸟类，数量超过了其他所有鸟类的总和。它们比其他鸟类更晚进化，其中包括一些我们非常熟悉的物种，例如世界上

鸟类的呼吸循环

前气囊
空气
后气囊
气管
肺
吸气装满气囊

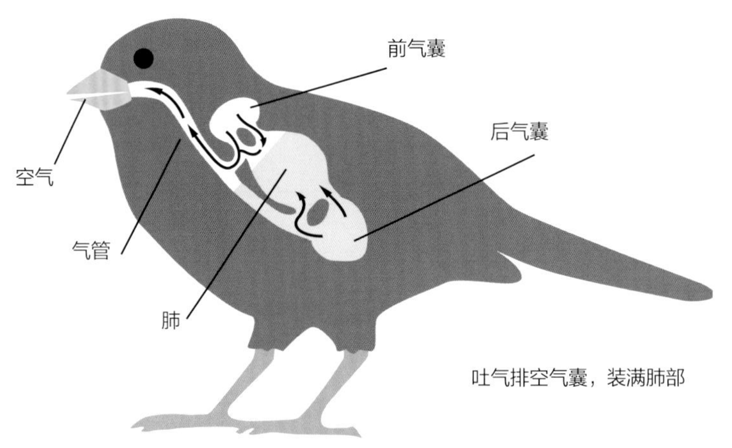

上图 尽管沙鸟不是鸣禽，但它们仍然通过扇动尾巴、高速飞行来发出用以宣示领地主权的歌声。风吹过它们的外尾羽时会发出振动的类似羊叫的咩咩声。

右图 嘲鸫以其模仿其他鸟类歌声的技巧以及自己独特的歌声旋律而闻名。

鸣管

鸟类的声音不是像我们一样通过喉咙发出，而是通过一种特殊的结构（鸣管），它们的气管分裂成两个支气管，并进入肺部。鸣管是鸟类特有的。它由一圈圈的软骨组成，可以发出声音，由于鸟类的呼吸是循环的，分为两个阶段（空气进入气囊，然后进入肺部），声音可以通过呼吸循环不断发出。

上图 常见的椋鸟组成巨大的鸟群，在冬天的下午进行戏剧性的特技飞行。

数量最多的野生鸟类（非洲红嘴奎利亚雀，拥有多达15亿只）和最聪明的鸟类（体型较大的乌鸦，尤其是渡鸦）。大多数雀形目鸟类体型较小，多食虫，但也有许多鸟类以水果和种子为食，有些鸟类以花蜜为食，而伯劳和它们的亲缘种经常捕食其他脊椎动物。

鸣禽利用声音来宣示它们的领地主权，此外，还有一些鸟不用声音就可以宣示主权。啄木鸟会发出叩击声——一阵急促的敲击枯枝的声音。沙锥的歌声似鼓声，但有时它们也发出奇怪的类似羊叫的咩咩声，这是它们高速飞行时，经过其外尾羽之间的空气发出的。鸮鹦鹉是一种来自新西兰的不会飞的大型鹦鹉，它们用一种环境技巧来提高自己的声音：它们挖出碗状的凹陷处，站在里面鸣叫，从而放大自己的声音。

右图 来自美洲的九羽雀形目鸟类，包括像绿头唐纳雀一样引人注目的物种。

// 哺乳动物进化系统树

哺乳动物（多毛的四足动物，用乳腺分泌的乳汁喂养后代）在所有已知动物中只占很小的一部分。然而，对人类而言，哺乳动物虽缺乏多样性，但非常重要，因为在我们日常生活中对我们最重要的动物就是哺乳动物，并且我们自己也是哺乳动物。事实上，对于来自不同文化背景的许多人来说，“动物”一词可能仅指哺乳动物。

现存的大约 6400 种哺乳动物是从合弓纲动物进化而来的。最早的哺乳动物在大约 2 亿年前出现，这早在恐龙灭绝之前。直到约 6500 万年前的白垩纪末期，只有体型较小的哺乳动物存在，导致恐龙灭绝的大灭绝事件也摧毁了几个哺乳动物谱系。然而，对于幸存下来的谱系来说，它们有机会进化出更大的体型，栖息地变得更多样化，并且扮演着不同的生态角色。它们在很短的时间内发生了巨大变化，在大灭绝事件发生后的最初几百万年中出现了许多现代哺乳动物群体。

如今哺乳纲包含多个目，它们的形态天差地别。最极端的例子有翼手目，比如蝙蝠，它们的前肢进化成了翅膀；还有鲸下目，比如鲸鱼和海豚，它们完全是水生生物，身体像鱼一样。其他一些著名的种群包括食肉目（包括猫、狗、熊和海豹等）、啮齿目（包括鼠、河狸、豪猪和松鼠等，是种类最多的一目，有 2000 多种），以及陆生偶蹄目动物（包括鹿、羚羊、猪和其亲缘种等）。

哺乳动物的分类仍在不断变化。最近的一项发现让我们认识到鲸下目是从偶蹄目进化而来的，这意味着鲸下目应该被归入偶蹄目，而不是被划分为一个单独的目。通过 DNA 研究，人们还发现，大象、海牛、土豚、象鼩等外貌差异很大的非洲哺乳动物，彼此的亲缘关系很近，它们形成了一个独特的谱系（非洲兽总目）。

我们人类所属的目灵长目和啮齿目与兔形目拥有共同的祖先——在大约 9100 万年前，分别作为不同的谱系形成分支。哺乳动物进化系统树中，最早的重大分化发生在大约 6600 万年前或更早的时候，当时，有胎盘的哺乳动物（胎盘动物）首次出现。现今，胎盘动物包含大多数哺乳动物物种，数量超过了有袋类动物（在腹部特殊的育儿袋中哺育后代）。目前，只有少数几种卵生哺乳动物依然存活（见第 122 和 123 页）。

下图 令人惊讶的是，西印度海牛与大象和土豚的亲缘关系比与海豹和鲸鱼的亲缘关系要近得多。

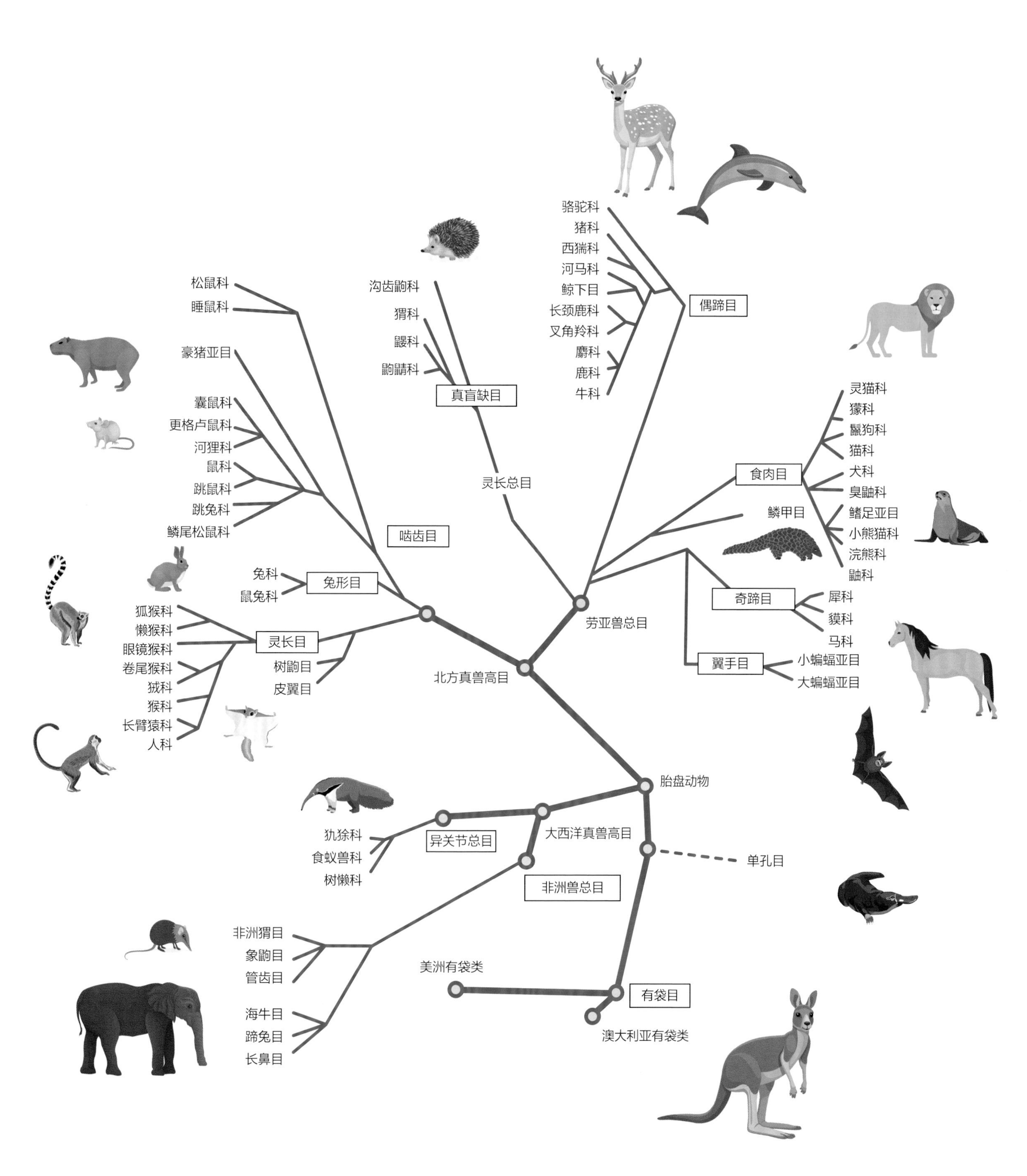

上图 这幅树状图显示了哺乳动物主要群体的进化路径。

哺乳动物的特点

哺乳动物，连同它们已经灭绝的直系祖先，属于合弓纲。最初的合弓纲被归类为爬行纲，因为合弓纲动物看起来确实很像爬行动物，但它们在进化上与羊膜动物的另一个进化分支——蜥形纲截然不同，蜥形纲是现代鸟类和部分爬行动物的祖先。因此，蜥形纲动物更常被描述为“原始哺乳动物”，而不是更古老且不太准确的“似哺乳类爬行动物”。大约 3 亿年前，蜥形纲和合弓纲开始作为两个独立的分支进化。

我们认为哺乳动物与爬行动物的重要区别在于它们的毛发、恒温和乳腺，但其他更重要的区别出现得更早。腿和胸腔的结构就是其中关键的区别。哺乳动物进化出更长的腿和更短、更轻的尾巴，它们腿的位置发生了变化，与身体垂直且位于身体下方，而不是向两侧伸展。哺乳动物的身体内部也发生了变化，在胸腔下方长出了一块肌肉——膈肌，当它们奔跑时，膈肌会前后移动，帮助将空气推入和推出肺部。这一点，以及拥有大而有弹性的肺部，有助于奔跑的哺乳动物提高呼吸频率，这对于其他肌肉的工作至关重要。

在眼窝后面的开口，也就是颞颥孔的数量和位置上，合弓纲也与蜥形纲不同。合弓纲两侧各有一个颞颥孔。大多数蜥形纲两侧各有两个颞颥孔(一个位置高些，一个位置低些)，

上图 生活在 2 亿多年前的异齿龙是一种原始哺乳动物。它的大背帆被认为是用来求偶或宣示领地主权的。

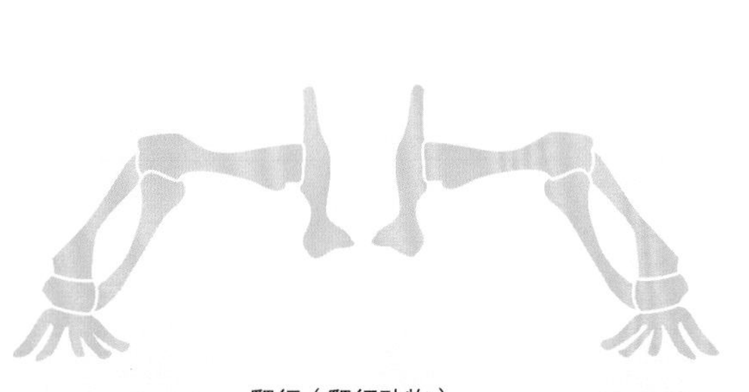

爬行（爬行动物）

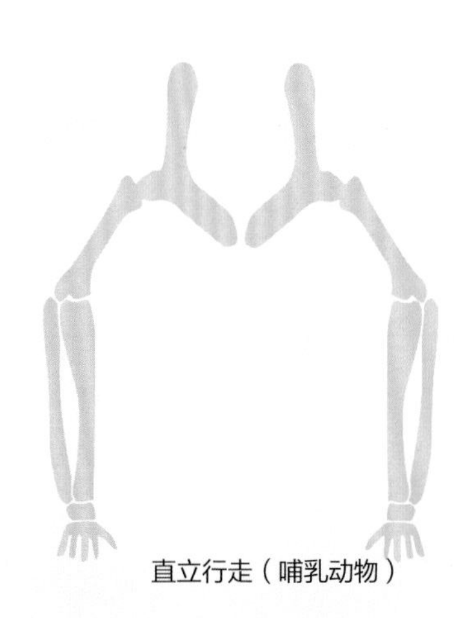

直立行走（哺乳动物）

右图 哺乳动物和爬行动物腿部的位置不同，这影响了它们的步态。

少数有一个，有的根本没有。这些开口与颌骨肌肉的排列有关，合弓纲与蜥形纲都拥有坚韧而灵活的颌骨，但它们的头骨结构依然存在差异。

乳腺是皮肤的附属腺，所有的哺乳动物都有乳腺，雌性哺乳动物用乳腺分泌的乳汁来哺育后代。然而，哺乳动物并不是唯一用腺体分泌物哺育后代的动物——有些昆虫也是这样做的，一些鸟类的嗉囊（消化道的一部分）也会分泌嗉囊乳，并将嗉囊乳反刍出来喂给下一代。

进化至今的毛发

大多数爬行动物、所有鸟类和大多数哺乳动物的皮肤分别有鳞片、羽毛和毛发。所有这些结构都是由角蛋白组成，并从皮肤中生长出来的。正如我们在前面看到的，羽毛是一种非凡而复杂的结构，它提供了一种捕获热量和显示颜色的方法，同时也使得动物可以飞行。毫无疑问，哺乳动物也会从羽毛中受益匪浅，但羽毛只是在鸟类的谱系中出现，哺乳动物只能用相对简单的毛发来替代。毛发从皮肤毛囊中生长出来，并且有一小块可以改变其相对于皮肤角度的肌肉。因此，哺乳动物可以抖动毛发，以获得更多的热量或者增大体型（这是一种威慑竞争对手或潜在捕食者的好方法）。在许多陆生哺乳动物身上，毛发的颜色是深色和浅色交替出现的（毛色分布受刺鼠肽基因调控），这是一种伪装形式，与纯色相比，这种伪装使动物看起来更闪亮、更梦幻。

上图 哺乳动物的毛发具有很好的保温作用，也提供了独特的颜色和图案，以及有效的伪装或交流方式。

上图 因为雌性哺乳动物会分泌乳汁，所以它们通常是单亲——不需要配偶来提供食物。狐獴和其他一些獴科动物确实是群居生活的，但是这是为了安全，而不是为了养育后代。

// 卵生哺乳动物

像鸟类和大多数爬行动物一样，哺乳动物在进化的早期阶段也是卵生动物。然而，如今，只有少数几种卵生哺乳动物或单孔目动物存活下来——1 种鸭嘴兽和 4 种针鼹。它们在澳大利亚和新几内亚岛被发现，这些地区也出现了最近进化的有袋类动物。有袋类动物更灵活的繁殖方式很可能使它们能够在大多数栖息地竞争中胜出，并最终取代单孔目动物。

鸭嘴兽是一种著名且非常奇特的哺乳动物，原产于澳大利亚东部，非常适应水生生活方式。它们借助蹼足和河狸尾般的尾巴游泳和潜水，并使用其大而坚硬的嘴巴在泥泞的河流中觅食（以蠕虫、小龙虾和其他猎物为食）。其嘴巴触觉高度敏感，并且还具有专门的感觉器官来探测移动猎物产生的电波。针鼹是一类粗壮的外貌像刺猬的陆生哺乳动物，有着布满针刺的皮肤和细长的口鼻。它们在夜间活动，是一种

右图 鸭嘴兽看起来像是由不同的动物器官粘在一起的奇怪混合体，但同时它们也很好地适应了自己的栖息地和生活方式。

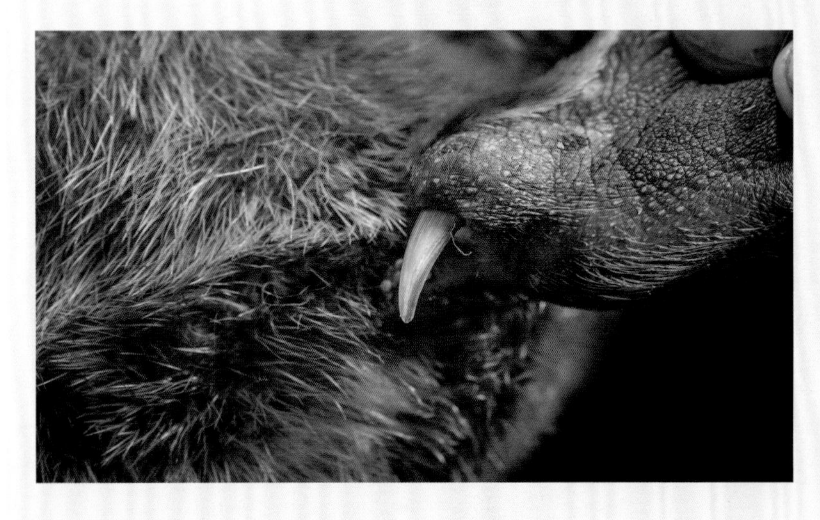

哺乳动物的毒液

鸭嘴兽通常被描述为具有其他动物身体部位的混合体，它们有鸭嘴般的嘴巴、河狸尾般的尾巴和水獭爪子般的爪子。它们还有一个特征——可以分泌毒液。只有雄性鸭嘴兽能分泌毒液，这强烈表明这一功能与雄性之间的竞争有关。毒腺和传递毒液的刺位于腿部较低的位置。还有其他一些哺乳动物，如一些鼩鼱和懒猴（类似狐猴的小型灵长目动物）会分泌有毒的唾液，它们咬伤攻击者时，毒液会进入伤口。

右图 在几个没有亲缘关系的动物群体中，出现了同一种用于自卫的刺状皮毛。短吻针鼹是针鼹中最多刺的一种。

林地动物，以昆虫为食——短吻针鼹（遍布澳大利亚等地）专门以蚂蚁和白蚁为食。像鸭嘴兽一样，针鼹有健壮的前肢，会挖洞，并将其作为庇护所和巢穴。

卵生哺乳动物除了产卵外，还表现出许多不同于其他哺乳动物的特征。像鸟类和爬行动物一样，它们有一个排泄口——泄殖孔，用于排便、排尿和生殖。雌性的卵子受精后的分裂方式也类似于鸟类和爬行动物，而不是其他哺乳动物。它们的颌骨解剖结构与其他哺乳动物的也有所不同；它们的乳腺没有乳头，通过毛孔分泌乳汁（它们的乳汁具有强烈的抗菌性，这弥补了它们不太卫生的分娩方式的不足）；它们的新陈代谢异常缓慢（这个特征可能是最近才出现的适应性特征，而不是遗传自它们祖先的特征）。

雄性卵生哺乳动物可能会为了交配而进行激烈竞争，但是雌性卵生哺乳动物会独自照顾后代。受精卵在雌性的生殖系统中发育的时间比在巢穴中孵化的时间还要长。雌性用身体为圆形卵保暖——针鼹有育儿袋。刚孵化出来的幼崽，需要依靠它们的母亲几个星期，之后便可独立生活。

在 4 种针鼹中有 3 种生活在新几内亚岛，其中 2 种属于极危物种，另一种属于易危物种。短吻针鼹在新几内亚岛和澳大利亚都有发现。它是唯一一种不需要立即采取保护行动的卵生哺乳动物。由于鸭嘴兽的河流栖息地受到多种威胁，其被列为近危物种，它们正被人工饲养以增加其总数量，并为将来的重新引入提供储备。

左图 长吻针鼹是一种极危物种，发现于新几内亚岛的多山地区。

有袋类动物

大多数现代哺乳动物，其后代在出生前都会在母亲子宫内待很长一段时间，在此期间，母亲通过胎盘滋养它们。有袋类也能生养幼崽，但它们的妊娠期很短，新生的幼崽比胚胎大不了多少。这些幼小的生命会爬进母亲的育儿袋中（在大多数情况下，育儿袋是黏稠和潮湿的）。一旦进入，幼崽就会咬住乳头，并且在成长的过程中会一直待在那里——在某些情况下这会持续数周。这种繁殖方式使雌性有袋类获得了单孔目动物所缺乏的活动自由。

有袋类曾经在世界范围内出现，但如今它们只在澳大利亚、新几内亚岛和美洲被发现，并且在澳大利亚最为人所知，澳大利亚几乎没有其他本土陆生哺乳动物。在这里，我们可以找到 300 多种多样的有袋类动物，它们占据着与世界其他地方的胎盘动物相同的生态位。有袋类动物中有陆栖、快速移动的食草动物（如袋鼠），凶猛的捕食者（如袋鼬和袋獾），挖洞的食虫动物（如袋鼹），食蚁动物（如袋食蚁兽），攀爬的食叶动物、食果动物和食蜜动物（如考拉和各种负鼠，包括会滑翔的负鼠），以及陆生杂食动物（如袋狸）等。现代最大的捕食性有袋类动物，袋狼，是一种在 20 世纪初灭绝的类似狗的动物，比其灭绝更早的包括类似于狮子和貘的有袋类动物。

左图 两只雄性红袋鼠在打架。作为袋鼠中体型最大的一种，雄性红袋鼠在完全发育时体重可达 90 千克。

上图 一只袋熊幼崽正睡在母亲的袋口朝后开的育儿袋里。

育儿袋的进化

有些育儿袋袋口朝前开，有些朝后开。袋口朝前开意味着幼崽爬入育儿袋的旅程更长，但是母亲更容易保持清洁。对于穴居物种来说，袋口朝后开是很正常的，这样当母亲挖掘时，幼崽就不会受到飞溅泥土的冲击。

雌性有袋类产下的幼崽比它们育儿袋里的奶头还多，这是很常见的。例如，雌性袋獾可能会产40个或更多的胚胎，但它们只有4个乳头。因此，幼崽在育儿袋里的竞争极端残酷。袋鼠也有4个乳头，但通常每次只生1只幼崽。前一胎的幼崽离开育儿袋（它已经长大）后，可能会继续吮吸它喜欢的乳头，而其弟弟或妹妹则依附在其他的乳头上。

上图 兔子在澳大利亚是不受欢迎的入侵物种，所以复活节兔子有时会被一种耳朵大的本土物种——兔耳袋狸所取代。

在世界大部分地区，胎盘动物都能在资源竞争中胜过有袋类动物，但是澳大利亚与其他大陆的地理分隔早于胎盘动物的出现。如今的澳大利亚大陆上有本土的胎盘动物，如蝙蝠和啮齿动物，但是它们的祖先是后来分别通过飞行和漂浮的植物到达澳大利亚的。澳大利亚还有一系列由人类引入的其他哺乳动物，包括兔子、狐狸和其他已被证明对本土物种具有极大破坏性的动物。

美洲有袋类远不如澳大利亚有袋类多样，包括大约 100 种负鼠（其中大多数居住在森林里），以及 7 种鼩负鼠。到目前为止，最著名的，也是唯一到达北美洲的负鼠物种是北美负鼠。这种猫般大小的杂食动物逆转了有袋类动物无法与胎盘动物竞争的趋势，因为它们分布广泛，适应性强，进化得非常成功，甚至可在城市地区迅速繁衍。

左图 北美负鼠以“装死”闻名——非常有效地假装死亡，以阻止捕食者攻击（它们甚至会释放一种能散发腐肉气味的液体）。

下方左图 东袋鼬是一种中等大小的有袋类动物，身上有独特的斑点皮毛，是澳大利亚塔斯马尼亚州的特有种。

下方右图 蜜袋鼯是 6 种滑翔负鼠中最有名的。它们利用翼膜，从一棵树移动到另一棵树。

// 嘴尖牙利的食虫动物

上图 和许多生活在沙漠中的哺乳动物一样，大耳猬的大耳朵可以帮助它们散发多余的体热。

哺乳动物里的真盲缺目（Eulipotyphla，字面意思为“确实又胖又瞎”）包含大约 450 种小型的以昆虫为食的陆生哺乳动物，如鼩鼱、刺猬和鼹鼠等。它们拥有敏锐的嗅觉（弥补了视力的不足），短短的腿和锋利的牙齿用来抓取和咀嚼它们的无脊椎猎物。真盲缺目以前是一个更大的群体，称为食虫目，包括马岛猬、金毛鼹和獭鼩等。然而，DNA 分析表明，这些非洲物种与其他食虫目动物没有亲缘关系。

鼩鼱在真盲缺目中占绝大多数。小臭鼩体重不到 2 克，是世界上最小的哺乳动物，寿命较短，经常挨饿。但是和其他鼩鼱一样，它们也会攻击和自己一样大的猎物。鼩鼱大多生活在植被茂盛的环境中，独居且有领地意识。少数物种唾液有毒，用来麻痹猎物和自卫。盔鼩鼱脊柱非常发达和结实，这使得它们可以利用自己的身体作为杠杆，翻开岩石和圆木，取食下面的猎物。

下图 园丁不喜欢鼹鼠，因为它们会在原本干净的草坪上留下成堆的泥土。

上图 一个移动中的鼩鼱家庭，其成员用牙齿紧紧咬住彼此，形成了一个“旅行队”。

右图 小臭鼩和它家族的其他成员一样，是凶猛无畏的猎手。

大多数大陆上都有鼩鼱，但只有旧大陆才有刺猬和鼹鼠。刺猬和鼹鼠有刺，用于自我保护——当受到攻击时，它们会蜷缩起来，呈固体球状且刺向外伸出，很少有捕食者能对付它们。鼹鼠适应了一种完全穴居的生活方式，它们拥有极其柔软浓密的毛发，这使得它们的身体更加光滑；还有较大、有力的前足，用来挖掘隧道和洞穴。像大多数穴居哺乳动物一样，它们的尾巴非常短。麝香鼠是鼹鼠的亲缘种，但是它们更适合游泳而不是挖隧道，而且它们的尾巴很长。在东亚发现的刺毛鼩猬是刺猬的亲缘种，但没有刺，看起来更像大型的鼩鼱。

真盲缺目还包含沟齿鼩，现存两个种，其中一种只在伊斯帕尼奥拉岛上被发现，另一种则是古巴特有的。两者都被列为濒危物种，并且在加勒比海其他岛屿上也曾有一些已经灭绝的亲缘种。沟齿鼩与老鼠般大小、长尾巴、耳朵相当大、鼻子非常长的鼩鼱长相相似。两种沟齿鼩的唾液都有毒，据说对于猫和狗来说，它们咬一口就能致命。

鼩鼱和鼹鼠

鼩鼱科包含了几个在外表和行为上都非常像鼹鼠的物种。它们有粗粗的鼻子，小小的眼睛和耳朵，短短的尾巴和浓密的鼹鼠般的皮毛。在鼹鼠科中，有几种鼹鼠看起来和真正的鼩鼱一样，它们在地面上过着鼩鼱般的生活，而不是在地下挖洞穴居。这两个例子是趋同进化的典型例子，即占据相似生态位的不同物种进化出了相似的外表。从外表上看，这两种动物肯定被错分了，但它们的牙齿和颌骨解剖结构揭示了它们的真实身份，当然，它们的基因也可以。

// 食蚁动物——穿山甲、土豚、食蚁兽、犰狳

蚂蚁在地球上非常丰富，任何专门以它们为食的动物都不太可能挨饿。对于只以蚂蚁为食的动物，甚至还有一个特殊的词 myrmecophagous（食蚁的）来形容它们。在世界范围内，一些没有亲缘关系的哺乳动物物种已经进化为食蚁动物，它们具有适应这种生活方式的某些特征——尽管在其他方面它们非常不同。

上图 当受到捕食者威胁时，穿山甲会蜷缩起来，隐藏它们的面部和腹部，并依靠它们坚硬的鳞片来保护自己。

以蚂蚁为食的哺乳动物有两个最显著的特征，一个是用于挖掘蚁巢的强劲有力的前足，另一个是用于高速舔食大量蚂蚁的长长的带有黏性唾液的舌头。它们还有敏锐的嗅觉，可以追踪蚁巢，它们的鼻孔和皮肤通常是密封的，以保护自己在挖掘时免受飞溅的碎片和昆虫的伤害。这些哺乳动物没有门牙，并且其中的食蚁兽和穿山甲根本没有牙齿。它们的食物是通过消化道的肌肉运动分解的，由强大的酶和专门的肠道细菌辅助。食蚁兽、犰狳（其中只有部分物种是专门以蚂蚁为食的）和一些穿山甲挖洞穴居。大食蚁兽也是陆生的（但不是穴居），而其他食蚁兽和穿山甲主要在树上觅食。许多以蚂蚁为食的哺乳动物也以白蚁为食，白蚁和蚂蚁一样生活在大型且通常防御良好的巢穴中。

土豚在南非荷兰语中的意思是“土猪”，它是被称为非洲兽总目的大型非洲本土物种的一部分。非洲兽总目有着共同的祖先，包括大象、蹄兔、海牛、马达加斯加的马岛猬、象鼩和獭鼩等。在新大陆发现的食蚁兽和犰狳与树懒有亲缘

右图 像其他食蚁兽一样，小食蚁兽也有强劲有力的爪子，用来保护自己、攀爬和挖掘。

关系，而穿山甲则发现于亚洲和非洲，没有亲缘种，食蚁兽和犰狳是早期食肉动物的后代。另外还有两种无亲缘关系的食肉动物——土狼和懒熊也适应了食蚁生活。

食蚁动物中有许多在野外受到威胁。由于非法狩猎，穿山甲尤其面临着巨大的压力——它们的肉和身体鳞片是名贵药材。中华穿山甲是极危物种。2020 年，中国已将所有穿山甲物种的保护等级提高到最高水平。

猎手和猎物

蚂蚁是捕食者，但由于数量庞大，它们也是可怕的猎手。它们全副武装，有些物种不仅咬合力强，而且能叮蜇并喷射酸性液体以攻击威胁者。它们的巢穴被保护得非常好，而且往往很隐蔽。因此，以蚂蚁为食的哺乳动物表现出如此显著的适应性也就不足为奇了。这些都是以牺牲其他潜在的优势为代价的——许多以蚂蚁为食的哺乳动物行动缓慢，而且反应迟钝。

右方上图 犰狳有许多不寻常的特征，包括总是产出一窝基因几乎完全相同的四胞胎。

右方下图 从正面看，土豚的鼻子揭示了为什么它们有意为“土猪”的名字。与其他哺乳动物相比，它们鼻子里的嗅球更多。

树懒——生活节奏缓慢的哺乳动物

大约 5900 万年前，异关节总目出现在南美洲。这一哺乳动物群体已成为新大陆上最多样化和进化得最成功的哺乳动物群体之一，包括食蚁兽、犰狳、潘帕兽（现已灭绝）和树懒等。树懒组成食叶的树懒亚目，这一目中包括过去存在的

三趾树懒

树懒蛾

被藻类附着的树懒

下页上方左图 树懒非常不擅长在地面上活动，只有在紧急情况下或每周排便的时候才会下树。

下页上方右图 大多数哺乳动物会游泳，树懒也会到水里去——特别是寻找交配机会的雄性树懒。

下页下图 二趾树懒比我们熟悉的三趾树懒的体型更大，分布在南美洲北部的大片地区。

上图 树懒将生长在它们皮毛上的富含蛋白质的藻类作为食物食用。树懒的皮毛也是树懒蛾的家园，树懒蛾把卵产在树懒粪便上，它们的存在促进了更多的藻类生长，因为树懒蛾把营养物质带到了树懒的皮毛上。因此，这三个物种之间存在互惠互利的关系。

右图 手脚上的钩子让树懒可以安全地倒挂在树上，而且不需要动用肌肉。

一些大型动物。泛美地懒是一种巨型地懒，体型比一头雄性非洲象还要大，它们的骨骼化石表明，它们非常强壮有力。

如今，树懒亚目仅存 3 种树懒和 6 种生活在南美洲和中美洲热带雨林的中型树栖食叶哺乳动物。最著名和分布最广的是褐喉树懒，最罕见的是侏三趾树懒（只剩下不到 100 只，生活在巴拿马沿海的一座岛屿上）。树懒与众不同，它们表情迟缓，手臂长，爪子极其细长、弯曲，这使得它们可以毫不费力地在树枝间倒挂着移动。它们的游泳能力也很强。

树懒以它们缓慢而从容的动作闻名。它们的生理过程也十分缓慢，新陈代谢率在所有哺乳动物中是最低的，并且它们大部分时间完全静止不动（尽管不一定是睡着了）。缓慢移动可以帮助它们躲避捕食者的追捕，如大鹰，这种鸟类对树枝间的动静很敏感。树懒也有一种不同寻常的伪装形式：藻类覆盖它们的皮毛，赋予它们绿色伪装。这种藻类是微型生态系统的基础，为各种无脊椎动物提供食物（就像树懒自己的毛发和血液一样）。各种各样的树懒蛾以成虫的形式生活在树懒的皮毛里，雌蛾在树懒每周从树上下来排便时在树懒的粪便上产卵。更令人惊讶的是，藻类本身就是树懒的食物来源，提供了树懒通常所缺乏的营养物质。

食叶习性

和水果不同，树叶的营养价值并不高。水果通常被动物食用，然后，动物排便时会将种子散播出去。为了吸引种子传播者，很多水果柔软美味，易于消化。相比之下，植物更希望保留自己的叶子，因为这些叶子是它们的“光合作用工厂”。因此，许多叶子已经进化成坚硬的结构，味道不佳甚至有毒，而食叶动物不得不大量食用它们，以从中获取足够的营养。食叶哺乳动物通常具有长而复杂的消化道，其中有大量细菌，这些细菌与哺乳动物自身的消化酶一起分解树叶组织。

一只树懒可能需要几周才能完全消化一肚子的树叶，而腹中填满的树叶的重量可能比它本身还要重。大约每周，树懒都会从树上爬下来，在地面上挖个洞，在洞里面排尿和排便，然后再回到它们树上的家中。只有在寻找伴侣的时候，它们才会去更远的地方。

末次冰期的大型哺乳动物

上图 巨型地懒，其中一些物种身长超过 3 米，在末次冰期广泛分布，被人类大量捕杀。

正如我们在前文看到的，巨型地懒曾经在新大陆广泛分布。其他几个现代哺乳动物群体也有在很久之前就灭绝的亲缘种，这些灭绝的物种体型庞大，它们大多存在于末次冰期（结束于约 12500 年前）。其中许多在北半球分布非常广泛，因为较低的海平面（广泛的冰川作用导致地球上很多水处于冰冻状态）意味着陆桥连接着北半球的新旧大陆。气候变化在这一时期的动物灭绝中起了一定作用，但是人类数量的增长同样是影响因素，对人类来说，这些巨大的哺乳动物既是濒临灭绝的危险物种，也是丰富的资源。

寒冷的气候有利于动物向更大的体型进化，因为较低的表面积体积比可以使动物更加有效地防止热量散失。末次冰期最著名的巨型动物是猛犸象和乳齿象，尽管它们所属的广泛分布的谱系最早出现在这一时期之前，但它们仅仅存活到 4000 年前。现代大象的亲缘种——生存于寒冷气候下的猛犸象，以其浓密的、毛茸茸的皮毛，极大的獠牙，以及用于保暖的小耳朵而著称，而现代大象的大耳朵则用于高效散热。除了猛犸象外，还有几种体型较大的犀牛能够适应寒冷的气候。其中包括板齿犀，其像猛犸象一样体型巨大，只有一个

末次冰期大陆冰盖和海冰的最大覆盖范围

如今的大陆冰盖和海冰的覆盖范围

右图 在北半球发现的保存完好的猛犸象和乳齿象化石表明了这一谱系曾经是多么的辉煌。

岛屿巨人症和岛屿侏儒症

寒冷的气候并不是促使体型变大的唯一环境因素。世界各地都有岛屿巨人症的例子——被限制在孤立的、没有捕食者的岛屿上的物种比其在大陆上的亲缘种体型更大。例如，某种体重达12千克的兔形目动物曾经生活在梅诺卡岛，而在加勒比地区进化出了一系列非常大的啮齿动物，比如巨型钝齿鼠（一种类似南美洲栗鼠的动物，体重超过50千克）。岛屿巨人症主要发生在小型动物谱系中，这些动物已不再需要躲避捕食者。体型较大的动物往往会经历相反的进化过程，即岛屿侏儒症，以适应更为有限的食物供应。曾在岛屿上生活的小型大象、猛犸象、河马和地懒都被记录在案。由于人类活动，大多数岛屿“巨人”和“侏儒”现在已经灭绝了。

巨大而厚实的角。（不过，这种西伯利亚独角兽与更古老的长颈无角犀牛相比就相形见绌了，一些长颈无角犀牛的肩高超过 5 米。）

同样生活在末次冰期的大型食肉动物包括一系列健壮的大型猫科动物，如著名的剑齿虎、穴狮等。穴狮在体型上与当今的非洲狮相似，而美洲狮要比它们大出四分之一左右。在北美洲出现的恐狼比现在最大的狼还要大。体重超过 1200 千克的巨型短面熊可能是有史以来陆地上最大的食肉动物。

下图 在科西嘉岛发现的马鹿比在大陆上发现的马鹿要小得多，这是岛屿侏儒症的一个例子。

无处不在的鼠

从物种多样性和总数来看，地球上最丰富的哺乳动物是啮齿动物。这是一个由约 30 个科的约 2000 个物种组成的多样化群体。它们的上下颌都有一对较长而且不断生长的门牙，这些门牙会被它们吃下的较硬的食物磨损（有时候，在筑巢时还要用来啃咬木头和其他硬质材料）。最大的啮齿动物是鼠科动物，包括旧大陆的大鼠、小鼠及其亲缘种，约有 500 种。仓鼠科（包括田鼠、旅鼠和仓鼠等）与鼠科亲缘关系密切。

啮齿动物是一种小型（有时非常小）的、毛茸茸的哺乳动物，它们要么是食草动物，要么是杂食动物。它们出现在各种各样的栖息地，有些拥有严格的特定生活习惯，有些是适应性很强的“机会主义者”。它们往往非常隐秘且难以捉摸，常穴居地下或深入密集的地面植被。它们的寿命很短，但数量极其多——在有利条件下，它们繁殖迅速。一些鼠具有高度的社会性，并形成具有复杂社会等级的大型群落。相比之下，有些仓鼠是独居动物，领地意识很强，有很大的活动范围，它们在洞穴内囤积大量的食物，这些食物可以让它们在洞穴里度过冬天（它们在洞穴里处于半冬眠状态）。许多啮齿动物都非常聪明，学习能力也很强。

其中一些物种的丰富性使得它们在生态学上极为重要。草原田鼠是其他很多动物的猎物，包括猫头鹰、乌鸦、伯劳隼、鼬、猫、负鼠、獴和蛇等。即使是很少捕食脊椎动物的动物，如青蛙、刺猬、野鸡和鸭等，如果有机会，也会捕杀鼠。在物种多样性低的环境中，这种不成比例的重要性甚至更加明显。例如，在高纬度的北极地区，旅鼠被归类为关键种，因为许多捕食者几乎完全依赖它们。在旅鼠数量不多的年份里，雪鸮、贼鸥和北极狐会以在北极筑巢的滨鸟为食，从而改变北极的生态平衡。

下图 欧洲仓鼠是世界上体型最大的仓鼠。它们囤积食物以度过冬天，在某些情况下会囤积超过 10 千克的食物。

全球危机

棕色和黑色的家鼠在人类的生活环境（包括我们使用的交通工具）中生活得非常舒服。在漫长的航行中，船只被证明是它们特别好的家园，因为船只是用可啃咬的木头制成的，并且储存着大量的食物。我们无意中用这种方式把鼠运到了世界各地，结果它们对地球上一些脆弱的生态系统造成了难以估量的伤害。在过去的500年里，世界上一半以上的灭绝物种，其灭绝是由非本土哺乳动物的到来造成的，其中鼠是罪魁祸首。岛屿筑巢的海鸟也受到了入侵性啮齿动物的严重打击，如果将这些啮齿动物消灭，它们的数量通常会很快恢复。

上图 褐鼠和黑鼠都是熟练的攀爬者。系泊缆绳上的防鼠挡板有助于防止它们登上船只，随船只航行是它们在世界各地传播的主要方式之一。

一些物种，尤其是褐鼠、黑鼠，与人类共生——它们通常生活在我们的住所里，在墙壁上挖洞，并掠夺我们的食物储备。然而，我们已经驯养了褐鼠，作为实验动物，它们对我们来说极其重要。褐鼠和其他一些小型啮齿动物也是非常受欢迎的宠物。

下图 这只小小的巢鼠有一条像猴尾一样可以盘卷的尾巴，可帮助它在它生活的长草丛中攀爬。

// 其他啮齿动物

不同的啮齿动物追求许多不同的生活方式。睡鼠和松鼠大部分时间都在树枝上度过，在那里寻找食物并筑巢，而鼹鼠则营穴居生活。南美洲的长耳豚鼠是一种长腿、像野兔一样的陆生食草动物，而河狸、麝鼠和海狸鼠是半水生动物。生活在沙漠中的跳鼠有双足以及袋鼠般的姿态，可以通过跳跃来移动，而鼯鼠可以通过滑翔在树木之间飞行，这种飞行依靠的是伸展在前后肢之间的翼膜。

世界上最大的啮齿动物是水豚，一种体重可超过 60 千克的矮胖动物。它们在沼泽地、草地上群居，并在水中度过很长时间。它们的体型使它们超出了大多数捕食者的捕食范围。北美豪猪相对其他啮齿动物来说也很大，并且它们的尖尖的刺使自身得到了很好的保护。其中令人印象最深刻的物种是非洲冕豪猪，其向后生长的黑白相间的刺可长达 35 厘米。当受到威胁时，它们会向后冲，试图用刺攻击威胁者。

在东非发现的裸鼹鼠是一种奇异的动物，它们的皮肤没有毛发，新陈代谢非常缓慢（寿命可超过 30 年），它们用巨大的牙齿来挖洞，它们的社会体系类似于蚂蚁和蜜蜂。一只可繁殖的雌性裸鼹鼠管理着一个由多达 3 只可繁殖的雄性裸鼹鼠，有时还有 100 多只不育的工鼠组成的群体。工鼠充当很多角色：收集食物，防范入侵者，照顾幼崽，以及维护鼠群的地道网络等。

还有几种啮齿动物在地下洞穴群居，比如草原犬鼠——一种在北美洲的平原上发现的地松鼠。它们的洞穴并不是共

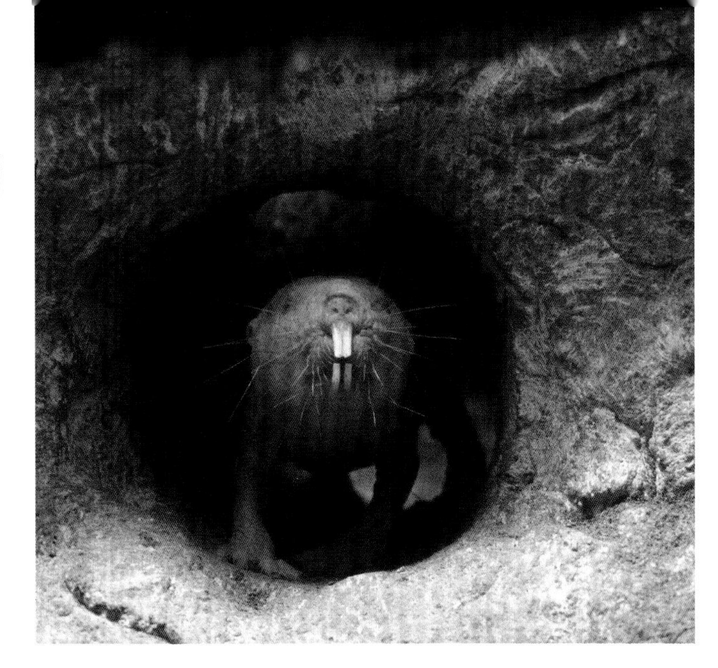

上图 裸鼹鼠的群居生活方式在脊椎动物中几乎是独一无二的。它们生活在一个合作群体中，通常其中只有一只雌性裸鼹鼠和几只雄性裸鼹鼠是可繁殖的。其余不可繁殖的个体照顾幼崽，保护并供养整个群体。

下图 这张图显示了主要啮齿动物的进化路径。

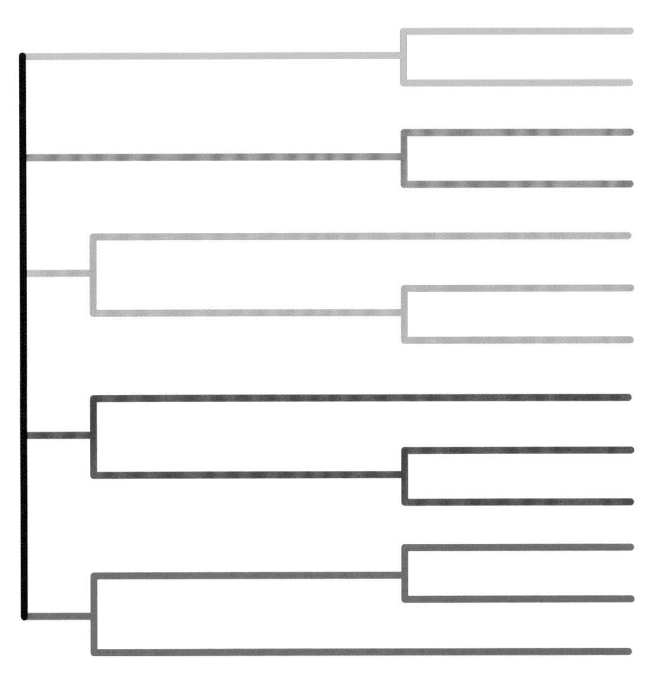

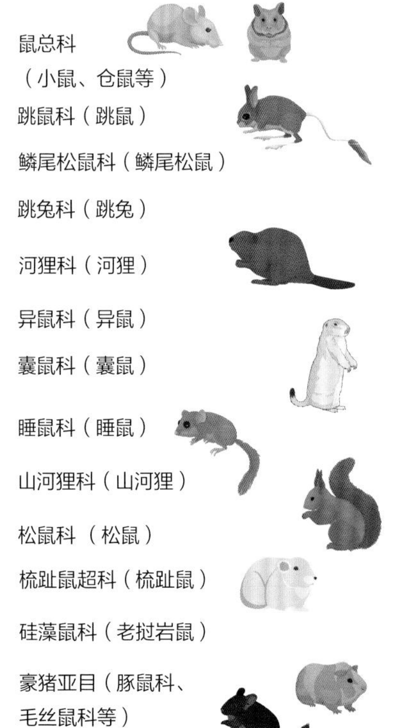

上方左图 花栗鼠是陆生松鼠，它们挖洞筑穴并储存食物。

中部左图 睡鼠是松鼠的亲缘种，有些种类与松鼠一样有蓬松的尾巴。

上方右图 北美豪猪是一种行动缓慢的啮齿动物，它们用锋利的刺自卫。

享的，但是它们彼此住在很近的地方，整个群体在听到个体的警报声（警告附近有捕食者）时都会采取行动。警报声的类型取决于捕食者的类型和行为，警报声变化，群体反应也随之变化。

啮齿动物栖息在地球上几乎所有的栖息地。它们中的许多都很聪明，适应性也强，在生态学上具有重要意义——既是猎物，也是捕食者、种子传播者、寄生虫的宿主、疾病传播媒介，以及自然景观的积极改变者。

航道管理

河狸是一种体型巨大的河栖啮齿动物，它们通过修建水坝来改变河流的流量。借助它们强有力的门牙，它们可以很容易地砍倒小树，使用这些树建造巢穴，并且控制河流流量。它们建造的木坝导致水池和新的河道形成，它们的活动已被证明大大增加了河流和溪流沿岸的生物多样性，并减少了发生洪水的可能性。在英国，欧亚河狸在16世纪被彻底消灭，但在21世纪某些地区又重新引入。它们的存在已经对环境产生了重大的积极影响。

左图 河狸沿着河流创造了更加多样化的栖息地，为其他许多野生动物提供了栖息地。

家兔和野兔

兔形目包括家兔、野兔和鼠兔等。像啮齿动物一样，兔形目动物的门牙也在不断生长，这些门牙也会被它们所吃的食物磨损。然而，兔形目动物的牙齿数量和排列方式与啮齿动物的不同。

兔形目动物严格地说是食草的，而且大多数是食草动物。草是很难消化的食物。大型有蹄动物利用复杂的多室胃来应对这个问题，它们也会咀嚼反刍的食物——在食物稍微软化之后，反刍食物以便进一步咀嚼。兔形目动物用不同的方式来应对这个问题。它们会排出一种叫作盲肠便的软粪便，并食用这种粪便，这样在食物第二次通过消化道时，它们就会吸收更多的营养。

上图 几种生活在北极地区的野兔在冬天会长出白色的毛发来伪装自己。

左图 在美国，开阔的空地是许多长耳大野兔的家园。这些动物的大耳朵可帮助它们散热，同时也能听到危险的声音。

左图 家兔因其皮毛和肉而被饲养，也作为宠物被饲养，如今，家兔的形状、大小和颜色可能各不相同。

唱山歌的兔子

鼠兔看起来很像圆滚滚的地松鼠，有着相对较短的腿和圆圆的耳朵，但实际上是家兔和野兔的亲缘种。许多鼠兔物种生活在高海拔地区，喜马拉雅山脉的大耳鼠兔生活在海拔高达6000米的地方。成对的鼠兔会一起保卫领地，生活在洞穴里并在洞穴里储存干燥的植物，以帮助它们度过天气最恶劣的日子。与其他兔形目动物不同，它们的声音非常响亮且功能广泛，包括吸引配偶及警告靠近的捕食者等。

上图 一只鼠兔捧着一束花，但这是食物而不是浪漫的礼物，它要将其储存起来以备日后食用。

家兔和野兔有长长的耳朵和后腿，以帮助它们发现并逃离捕食者。家兔有可以藏身的洞穴，它们还在地下筑穴，在那里生下它们眼睛未睁开的、没有毛发的幼崽。野兔在户外生活和生育，所以它们依靠伪装、敏锐的感官和快得难以置信的速度来保护自己的安全。野兔幼崽出生时就毛茸茸的，睁着眼睛，能够躲藏，也能跑。大多数家兔在穴中群居，具有先进的社会制度。野兔会成群进食，但通常独居。

这些食草动物曾经分布广泛，进化得也很成功，但是有蹄动物的兴起使得它们的多样性减少，丰度也下降了。人类以及各种各样的野生食肉动物也在猎杀它们。有几种野兔生活在北极地区，在冬天会长出白色的毛发，以便在雪地环境中伪装自己，但是气候变化已使得它们的换毛模式与季节性降雪不同步，进而使得它们更容易受到捕食者的威胁。

目前已知的兔形目动物大约有 90 种，其中家兔、野兔、鼠兔的数量相当。黑尾长耳大野兔以其令人难以置信的长而宽的耳朵闻名。兔形目动物几乎出现在世界各地，甚至包括一些森林兔，例如东南亚的苏门答腊兔。穴兔（作为狩猎猎物）已经被引进到世界上许多地方，对澳大利亚的危害尤其巨大。通过圈养繁殖，人们已得到许多独特的穴兔物种，包括有着长丝般毛发和下垂耳朵的物种。

会飞的哺乳动物——蝙蝠

如果人类的手比身体大很多倍，那么蝙蝠的骨骼看起来就会非常像人类。蝙蝠是唯一一种进化出真正的动力飞行能力的哺乳动物，它们通过将前肢进化为翅膀来实现这一目标。蝙蝠的前爪非常细长，并由一层膜连接，这层膜也与后爪相连。它们的爪非常小。长而有力的爪使蝙蝠能够攀爬，但它们在陆地上的活动通常非常有限。

世界上有超过1300种蝙蝠——它们共同构成了翼手目。它们在现存哺乳动物中没有亲缘种；尽管在某些方面类似于啮齿动物以及鼩鼱和鼹鼠，但它们实际上与食肉动物和有蹄动物属于同一谱系。

大多数蝙蝠是捕食者，以昆虫为食。然而，还有一些蝙蝠以花蜜和水果为食，其中大多数比以昆虫为食的蝙蝠大得多。以花蜜为食者是许多野生和栽培植物物种的重要传粉者，而以水果为食者（如果蝠）因其可以传播乔木和灌木的种子而在生态系统中发挥着至关重要的作用。不同物种有不同的专长，例如用爪从水中抓鱼的食鱼蝙蝠和吸食脊椎动物血液的吸血蝙蝠。几乎所有的蝙蝠都在夜间活动，这能够让它们避免与鸟类争夺食物和空间。

大多数蝙蝠每年繁殖一次，每次只生一只幼崽，雌性蝙

上图 由蝙蝠传粉的植物往往具有向上伸展的花朵，茎干粗壮，并在夜间释放气味。

下图 灰头狐蝠的栖息地或“营地”，这是原产于澳大利亚的一种濒临灭绝的果蝠。

下页下方左图 最大的蝙蝠属鼠耳蝠属包括100多个小型的食虫物种，这些物种通常缺乏面部装饰。

左图 蝙蝠洞可以是受欢迎的生态旅游景点，但必须小心管理，因为蝙蝠对外界干扰高度敏感。

蝠在觅食时会将幼崽带在身上。相对这些小型哺乳动物（许多体重不到 10 克）的体型来说，它们的寿命很长，能够活到 30 多甚至 40 多岁（相比之下，老鼠一般活不到 2 岁）。在繁殖季节，它们倾向于形成共同的“育儿所”，在寒冷的气候下，它们在整个冬天冬眠（但有些物种会迁徙）。蝙蝠几乎遍布世界各地，但它们的多样性在热带地区最为丰富。拥有飞行能力使它们能够在许多偏远的岛屿上定居，包括新西兰，那里仅有的本土哺乳动物是 2 种蝙蝠。

声音地图

大多数食虫蝙蝠都有大而复杂的耳朵，脸上通常有精致的褶皱皮肤。这些是它们用来在夜间导航的工具。飞行时，它们会不断地鸣叫，并倾听回声，因为它们发出的声音会被周围的物体反射回来。鼻子的褶皱可以帮助它们更精确地发出叫声。利用这种回声定位，蝙蝠可以避开空旷地方或拥挤的栖息地内的障碍物。它们还可以探测猎物，分辨出猎物的种类、大小和速度，并利用这些信息来决定是否以及如何对付它。果蝠缺乏回声定位能力，但它们有敏锐的视觉和嗅觉，可以通过视觉、嗅觉、经验和记忆找到周围的路和食物。

上图 菊头蝠的脸上有复杂的肉质生长物，这有助于它们定位回声。

马达加斯加独特的哺乳动物

马达加斯加是一座森林岛屿，距离东非海岸 400 千米，是世界第四大岛。虽然它位于非洲附近，但它最初与现在的印度次大陆相连，在大约 8800 万年前（远在许多现代植物和动物谱系进化之前）彼此才分离开来。这种长期的分隔导致了非常独特的动植物物种的出现——马达加斯加约 90% 的动植物物种是当地特有的。除了蝙蝠和海洋物种，所有本地哺乳动物物种都是当地特有的，人们认为它们的祖先可能是通过“漂流”到达马达加斯加的——它们是被漂浮的非洲植物带来的。

马达加斯加最著名的哺乳动物是狐猴。这些美丽而有魅力的动物属于灵长目。在非洲大陆和亚洲存在着一些与狐猴相似的灵长目动物，但它们的亲缘种猴的数量远远超过了它们。没有一种猴曾经在马达加斯加定居，所以狐猴变得高度多样化，有超过 105 种。狐猴的体型差别很大，有些较大的物种毛色鲜艳，图案鲜明。它们中的大多数擅长攀爬，在树顶上觅食。冕狐猴在地面上活动时并不用四肢爬行，通常是高举双臂，只用两条腿夸张地跳跃着前进。环尾狐猴是我

下图 和大多数灵长目动物一样，环尾狐猴幼崽会依偎着它们的母亲。

上图 这种罕见的指猴拥有细长的第四指（用来探测树洞里的昆虫幼虫）和惊人的面部表情，适应了森林树冠层的夜间生活，十分独特。

像狐猴的动物

原猴亚目这个词以前用来描述不是猿和猴的所有灵长目动物，尽管现在已经发现这些动物之间的亲缘关系并非都很近。原猴亚目包括狐猴，以及一系列来自亚洲和非洲的其他物种，如懒猴、婴猴和金熊猴等。这些动物主要生活在树上，夜间活动，外表非常独特，有着美丽的斑纹、柔软的皮毛和非常大的眼睛。它们有尖尖的鼻子，面部不像猴那样平滑，而且喜欢吃昆虫，而大多数猴主要以植物为食。

们最熟悉的物种之一，面部类似狐狸，它们有着条纹状的长尾巴，生活在由雌性领导的社会群体中，主要在地面觅食。

马达加斯加还是独特的食肉动物食蚁狸的家园。它们是类似獴或猫科动物的猎手，其中体型最大的是优雅的马岛獴，马岛獴是技术娴熟的攀爬者，也是非常敏捷的狐猴猎手。马岛獴的体重可达 8.5 千克，比狐猴中体型最大的物种大狐猴略轻一些。马达加斯加以前确实有很多体型更大的哺乳动物，还有象鸟，它们是有史以来最重的鸟类，但是 2000 年前人类的到来很快导致了它们的灭绝。

上图 马岛獴生活在马达加斯加大部分地区的森林中，捕猎狐猴以及岛上几乎其他所有陆生脊椎动物。

马岛猬也是马达加斯加特有的。这类哺乳动物与非洲的金毛鼹和獭鼩有亲缘关系，像它们一样，主要以地面上的昆虫为食。大多数马岛猬类似于鼩鼱，有一少部分有刺猬一样的刺，另有一种蹼足猬，和獭鼩一样，是半水生动物。

左图 外形奇怪的低地斑纹马岛猬通过拍打羽毛发出沙沙声来交流。

猴

敏捷而优雅的猴（大多数物种）主要生活在热带和亚热带栖息地的树上。它们表现出一定的社会习性，可以发出响亮的叫声，智力较高，并且像鹦鹉一样，通常具有醒目的颜色和图案。猴主要包含在两个主要谱系——旧大陆猴和新大陆猴之中。

猴有短指甲、长手指，用来抓握树枝。一些新大陆猴的尾巴可卷曲，可以强有力地缠绕在树枝上，充当有效的攀爬肢体。它们的面部通常钝而扁平，眼睛朝向前方——这使得它们比眼睛长在两侧的哺乳动物更善于判断距离，尤其当它们从一棵树跳到另一棵树时，这一点至关重要。与其他许多哺乳动物不同，它们还具有良好的色觉，这有助于评估水果的成熟度。

猴主要以果实为食。体型较小的新大陆猴也大量食用昆虫。那些已经适应了地面生活的动物，比如狒狒，它们的饮食更加广泛。地面上的生活更加危险，所以这些猴的体型往往更大、更强壮，它们有更紧密的社会组织，有能力详细交流周围的危险信息，并合作驱赶捕食者。

上图 疣猴在玩耍。像这样的互动对于建立和维持社会关系非常重要。

猴表现出各种各样的交配行为。在某些种群中，雄性比雌性体型大得多，并且雄性之间会为了统治地位而互相竞争，因为雄性统治者是唯一能够与雌性交配的。在南美洲的一些

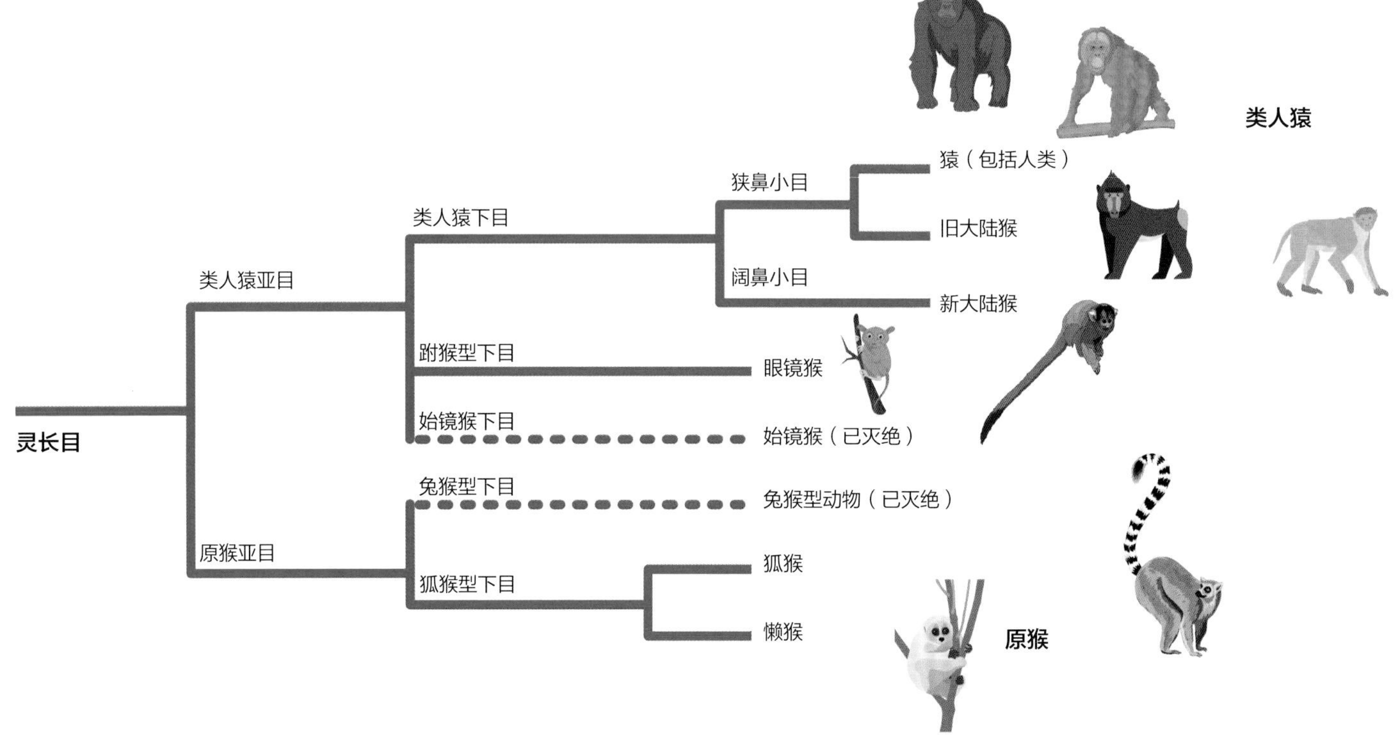

上图 这张图显示了灵长目动物，包括猴、类人猿和狐猴等的进化路径。

狨猴和绢毛猴中，一妻多夫制很常见。幼猴会习惯性地依偎在父母的胸部，一旦它们变得更大、更强壮，它们就会转而骑在成年猴的背上。在猴组成的大型社会群体中，雌性通常会共同照顾群体中的幼猴。

上方左图 皇柽柳猴有着令人印象深刻的胡子，是新大陆猴中最引人注目的物种之一。

上方右图 生活在空旷的地面比生活在树上的风险更大，所以狒狒营群居生活，并且时刻保持警惕。

上图 尽管长臂猿拥有令人难以置信的技能和运动能力，但它们有时会因失去抓力而摔落。三分之一的野生长臂猿都曾经历过骨折（可愈合），尽管它们的骨骼异常结实。

长臂猿

包括人类在内的猿在狭鼻小目中形成了一个独特的谱系，如今包括两个科：人科和长臂猿科。长臂猿是一种小型猿类，生活在亚洲温暖的地区，包括一些岛屿群。和其他猿类一样，它们没有尾巴，前肢发育良好且肩关节非常灵活。长臂猿的腕关节也异常灵活，它们特殊的前肢使它们能够通过摆动手臂到处走动。它们的拇指很短，但其他手指较长——它们可以用手掌（作为钩子使用而不用于抓握）很快地从一个树枝荡到另一个树枝。全世界约有20种长臂猿——它们生活在森林地区，具有显著的社会性、较高的智力，并且长寿。

类人猿

类人猿是所有灵长目动物中体型最大的——大到足以对大多数捕食者无所畏惧。如果我们暂时把人类放在一边，其他类人猿有几个共同的特征——特别是它们在非洲（黑猩猩和大猩猩）或亚洲（猩猩）的栖息地，即靠近赤道的森林深处。类人猿大多是食草动物，虽然它们仍然是熟练的攀爬者，并且舒适地生活在树上（尤其是猩猩），但它们的体型使它们免受大多数捕食者的伤害，所以它们在地面上生活得也非常自在。

朋友和亲戚

如今地球上生活着4种类人猿：猩猩、大猩猩、黑猩猩和人类。直到不久以前，人们还认为每种类人猿只有一个现存物种，但是对DNA和其他特征的研究已经让人类对非人类类人猿的认知产生了一些变化。如今，我们分辨出了3种猩猩(婆罗洲猩猩、苏门答腊猩猩和打巴奴里猩猩)、2种大猩猩（西部大猩猩和东部大猩猩）和2种黑猩猩(普通黑猩猩和倭黑猩猩)。我们自己所属的物种智人，是现在唯一活着的人类物种，但是我们已经发现了其他许多现已灭绝的人类物种的化石证据。我们中的许多人携带着一些基因，这些基因表明早期智人与当时生活的其他人类物种进行了杂交，其中包括尼安德特人。

上图 尽管猩猩比其他类人猿更独立，但它们有着持久的家庭关系，因为猩猩的哺乳时间长达 8 年。

下页上图 大猩猩和其他野生类人猿非常容易感染人类疾病，因此减少它们感染人类疾病的风险非常重要。

下页中部左图 一只年幼的黑猩猩正看着一只成年黑猩猩用一根小树枝从蚁丘上拨出白蚁。工具的使用和思想文化的传播是先进文明的标志。

下页中部右图 倭黑猩猩以家庭为单位生活，与普通黑猩猩相比，它们的互动更温和。

人们普遍认为类人猿的智力很高。类人猿可以同时使用面部表情和声音来与同类交流。黑猩猩是现存与我们亲缘关系最近的一种动物，它们的社会组织复杂且非常活跃，并且它们表现出大量学习行为，包括使用工具和组织狩猎团队捕捉猴等。这些行为通过学习在群体中代代相传，一种有用的新行为将很快“流行起来”——这是文化传播的一个例子。在人工饲养环境中，黑猩猩和大猩猩都接受过手语训练，并表现出表达一些复杂和抽象概念的能力。一般情况下，所有的类人猿寿命都很长，并且后代成长缓慢，出生后头 8 年甚至更长的时间都要依赖母亲的直接照顾，而且往往一生中都与家庭保持着密切的关系。

人类的早期祖先适应了在更开阔的栖息地生活，对于这种栖息地，双足（而不是四足）的步态更有优势；其他猿类可以用脚短时间行走，只有人类显示出必要的适应性，能够全天轻松地行走。与狒狒一样，早期人类在保护自己免受危险方面承受的压力要大于它们森林中的亲缘种，而且还需要开发更广泛的食物类型。这些因素推动人类向更高的智力和社会性进化。如今，人类几乎遍布整个地球，对其他许多生物造成了损害——包括我们的亲缘种，其他类人猿。所有种类的猩猩和大猩猩都被归类为极危物种，并且现存的 2 种黑猩猩都濒临灭绝。

有蹄动物

现在，让我们从灵长目动物（前脚进化为了极其灵活的手）转向有蹄动物（沿着一条与众不同的方向进化）。蹄与手一样，都是革命性的进化创新，而今天，有蹄动物已成为地球上占主导地位的大型陆生食草动物。地球上现存至少 250 种有蹄动物，根据分类方式的不同，也可能多达 450 种。

有蹄动物可以分为两大类——奇蹄目和偶蹄目。奇蹄目由马、貘和犀牛组成，数量相对少得多；大多数有蹄动物属偶蹄目，包括鹿、羚羊、牛、骆驼、河马、长颈鹿、猪、绵羊和山羊等。奇蹄目动物主要靠中趾行走——其他脚趾的尺寸逐渐减小。就马而言，其他脚趾已经完全消失，而中趾则大大增大，并由坚硬的角质层组成。偶蹄目动物靠增大的第三和第四趾承受重量，其他脚趾则逐渐减小或缺失，因每足

左图 在夏季，驯鹿的蹄会变得更宽、更柔软，以便在沼泽地上获得更大的牵引力。在冬天，蹄会变硬，以便抓住冰面。

上页下图 河马是陆地上与鲸鱼亲缘关系最近的物种，它们在陆地上进食，但大部分时间都在水中休息。

右图 蹄看起来可能不像好的攀爬工具，但是有些有蹄动物，比如山羚，在陡峭的地形上能够非常稳健地活动。

的蹄甲数为偶数，故称偶蹄目。

蹄本质上是又大又厚的爪子。蹄在动物的一生中不断生长，因为它在日常活动中会逐渐被磨损。它的耐久性使得有蹄动物能够在坚硬的地面上，比如在干燥的平原或者岩石地带长时间奔跑，有些物种的蹄还非常宽，这有助于它们在危险的松软地面上站稳。对于非有蹄动物用它们的爪子来做的其他事情，比如处理食物或者梳理皮毛等，蹄并没有那么好用，但是有蹄动物（比如猪）可以用它们的蹄挖掘松软的土壤以寻找食物。此外，缺乏抓地力对野山羊和山羚等物种来说并不是障碍，它们可以在陡峭的岩石斜坡上以惊人的稳健步伐前进。

有蹄动物几乎完全以植物为食。有些在草原上吃草，而有些则从灌木丛或乔木中寻找食物。它们被各种各样的大型食肉动物捕食，因此它们往往很警觉，并具有敏锐的感官——灵敏的鼻子，长在头部两侧的眼睛（能够给它们提供全方位的视野），以及不断转动的大而灵活的耳朵。那些生活在开阔乡村的动物往往社会性较高，它们受益于群体警戒，而在森林栖息的物种更可能是独居的，依赖伪装和不引人注目的习性生存。

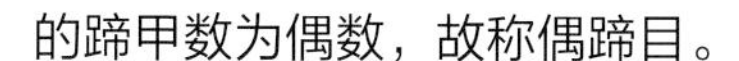

令人惊讶的亲缘关系

并非所有的早期有蹄动物都是食草动物，现代有蹄动物同样如此。在有蹄动物里，鲸下目动物似乎格格不入，但对其化石和DNA的研究都证实了这样一个事实：鲸下目动物（包括鲸鱼和海豚等）起源于偶蹄目动物的一个谱系。河马是鲸下目动物现存的亲缘种，鲸下目动物的四条腿祖先可能与现代河马很相似。然而，化石证据表明，河马和鲸下目动物在它们共同的祖先开始水生生活之前就已经分化了，最早的鲸下目动物实际上是小型的、完全陆栖的有蹄动物。

左图 野猪喜欢在水中打滚，就像它们的家养亲缘种一样，这些红河猪就证明了这一点。

食草动物——草原有蹄动物群落

在全球范围内，热带雨林是陆生动物分布最集中的地方。然而，森林中的大型动物相对较少——生物多样性主要由昆虫和小型脊椎动物来丰富，由于拥有伪装或其他隐藏技能，它们通常很难被找到，而且它们中的大多数生活在林冠层，在高于我们头顶上方多米处。雨林听起来充满生机，但看到这些动物可能会令人沮丧。

出于这个原因，当谈及充满动物生命的陆地环境时，我们往往会想到非洲东部和南部的热带草原。这里有一些令人印象深刻的大型陆生哺乳动物——非洲象、长颈鹿和几种群居的大型食肉动物（如狮子、斑鬣狗和非洲野犬等）。并且，最令人难忘的自然奇观有时也是巨大的食草哺乳动物群创造的。例如，在季节性降雨让新鲜的草得以生长时，每年有超

上图 北美野牛种群长期遭受人类捕猎，这导致它们几近灭绝。

下图 角马在东非热带稀树草原大迁徙中占主导地位，因为雨水带来了新鲜的草。

过 150 匹蓝色角马在马赛马拉和塞伦盖蒂之间迁徙。与它们相伴的还有一些羚羊（如大羚羊、葛氏瞪羚和汤氏瞪羚等），虽然规模较小，但数量可观。雌性角马几乎在同一时间内诞下幼崽——许多幼崽会被捕食者杀死，但它们数量庞大，这意味着其中相当大比例的幼崽能生存下去。

非洲热带稀树草原也是捻角羚、狷羚、转角牛羚、跳羚、黑犀、白犀、非洲水牛、独角犀以及斑马的家园。它们似乎在竞争，但各自的饮食偏好和喂养方式有所不同，例如，角马偏好新鲜的草，并且啃食快速，而狷羚的进食速度较慢，但没那么挑剔。其他一些有蹄动物也是有偏好的，多数习惯以乔木和灌木的叶子为食。长颈鹿可以够到很高的叶子，而长颈羚则通过用后腿站立来扩大它们的进食范围。

世界上其他广阔的草原也有自己的大型食草动物。北美大草原有美洲野牛和叉角羚，而欧亚大陆的大草原则是赛加羚羊、欧洲野牛和野驴（家驴的野生亲缘种）的家园。北极苔原是驯鹿和麝牛的栖息地。在过去的几个世纪里，这些动物的栖息地被人类大量开发（被改造为耕地或用于牲畜饲养），因此，许多草原动物现在面临灭绝的威胁。如今，按重量计算，地球上 60% 的哺乳动物是由牲畜组成的，36%

上图 一些羚羊主要吃草，而另一些羚羊，如这些长颈羚，更喜欢吃较高处的植物。

下图 濒临灭绝的赛加羚羊，赛加羚羊巨大的鼻子有助于加热它们在中亚草原呼吸的寒冷空气。

由人类组成，而只有 4% 由野生哺乳动物组成。我们任何时候看到这些统计数据，都会很震惊，当我们望向非洲稀树草原上的动物种群时，这一点更发人深省。

大象、海牛和蹄兔

当今的地球并不像过去那样拥有大量的大型动物（不过在海底又是另一回事了）。然而，仍然有一些令人印象深刻的大型哺乳动物存在，其中最大的陆生动物是大象。我们认为，虽然大象这种大型食草动物与其他有蹄类大型食草动物（如犀牛、河马和水牛等）一起生活，但大象的进化起源与这些有蹄动物有很大的不同。

长鼻目的化石记录显示出巨大的多样性，包括猛犸象、乳齿象以及生活在孤岛上的体型较小的婆罗洲侏儒象等。然而，现今只有 3 个长鼻目物种幸存下来。直到 2010 年，人们还认为只有 2 种：非洲象和亚洲象。它们起源于 400 多万年前分开进化的两个谱系——猛犸象与亚洲象的亲缘关系

右图 亚洲象的鼻子尖端有一个手指状的鼻突（如图所示），而非洲象的鼻子尖端有两个。

下图 大象的鼻子有很多用途，包括让它们无须弯腰就可以喝水。

最近，而不是非洲象。然而，最近的 DNA 研究表明，非洲象实际上包含 2 个物种——体型更大、分布更广泛的非洲草原象和西非的非洲森林象。

大象有一系列引人注目的特征：裸露的皮肤、厚厚的脂肪掌垫、超大的耳朵、一对极其细长的上门牙（獠牙，既用作强有力的起重设备，也用于自卫），尤其是它们由鼻子和上唇组成的象鼻。象鼻非常灵敏、结实而且灵活，可以用来做很多事情，包括小心翼翼地处理小物件、吸水冲洗身体，以及从树上扯下树枝和树叶等。大象还因为它们的长寿、高智商，以及深刻而持久的家庭关系而闻名。在南亚的许多地区，人们驯养亚洲象，并把它们当作驮畜，但这种做法是有争议的——人们饲养和管理大象的方式很难满足它们的社会需求。非洲象从未被驯化过。

如今，与大象亲缘关系最近的现存物种是两种截然不同的哺乳动物——海牛和蹄兔。海牛是大型水生食草动物，生活在平静的海岸和河流系统中。它们没有后肢，像鲸鱼一样尾巴扁平，并且用它们大而柔软的嘴唇收集水下植物以供食用。海牛生性温和，行动相当缓慢。像大象一样，海牛寿命很长，并且其口腔后部会不断长出新的牙齿，然后新牙齿向前移动并取代磨损的牙齿。

上图 海牛天生行动缓慢且好奇，许多海牛因撞到了由螺旋桨驱动的船只而受伤。

左图 露出自己上门牙的蹄兔。

蹄兔是小型的、毛茸茸的动物，乍一看，它们似乎属于啮齿目。然而，它们牙齿的形状和乳头的位置揭示了它们真正的血统。蹄兔是非洲和阿拉伯部分地区常见的动物，声音高亢，它们的叫声显示出明显的地域差异。它们的社会结构复杂且显著平等。

食肉动物——类猫谱系和类犬谱系

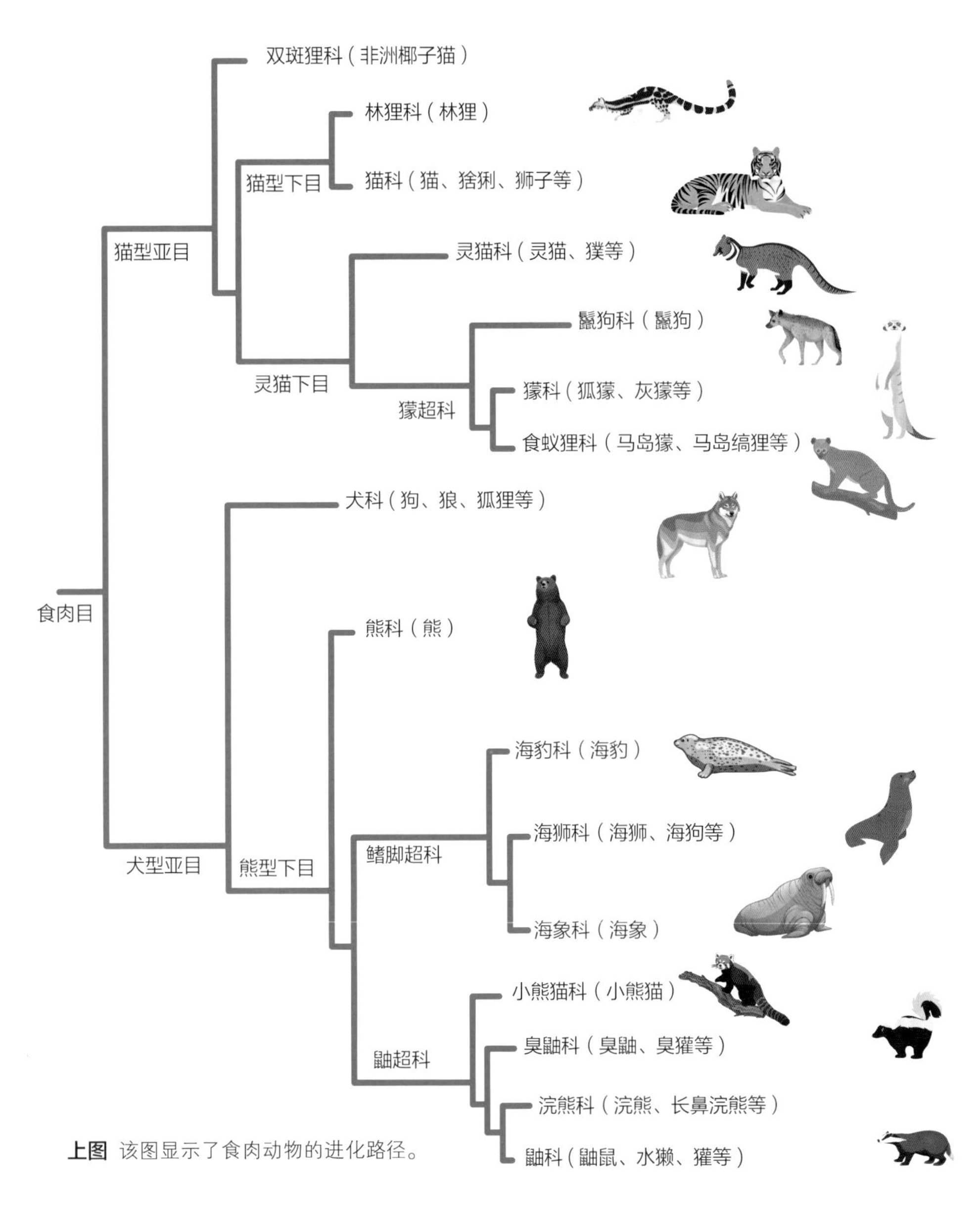

上图 该图显示了食肉动物的进化路径。

食肉动物包含大多数哺乳动物，这些哺乳动物通常会捕食其他脊椎动物。一些体型较小的食肉动物主要以无脊椎动物为食，比如食蚁的土狼。其他一些动物已经部分适应了素食，就大熊猫而言，它们已经完全适应了素食。然而，即使是以竹子为食的大熊猫，其牙齿形状也揭示了它们的祖先为食肉动物。

食肉动物在世界各地都可以找到——它们中包含一些极具魅力的受人类喜爱的物种。有些奔跑速度很快，有些擅于攀岩，有些表现出的力量和勇气远远超出了人类对它们这种体型的动物的预期，还有许多表现出惊人的潜行能力、耐心和战术智慧（用以智胜它们的猎物）。

食肉动物主要有两个谱系：类猫谱系（猫型亚目）和类犬

上页右方上图 獴身材魁梧，动作敏捷，喜欢爬树，像猫一样对周围环境十分好奇。

上页右方下图 在北美洲，浣熊以钻进垃圾箱寻找残羹剩饭闻名，甚至因为这种行为被戏称为“垃圾熊猫”。

左图 蓬尾浣熊与浣熊有亲缘关系，但蓬尾浣熊相当害羞。

下方左图 鼬科动物以凶猛无畏的本性闻名。其中，体型最大的狼獾同时也可以说是最为可怕的。

下方右图 土狼是一种小型的主要食虫的动物，属于鬣狗科。

谱系（犬型亚目）。猫科动物属于类猫谱系，犬科动物属于类犬谱系。其他所有的食肉动物都属于这两个谱系中的一个。

类猫谱系动物和类犬谱系动物在解剖学某些方面有所不同，特别是它们的头骨结构——对于类猫谱系动物而言，其包围内耳的颅骨部分总是完全分成两个腔室，但类犬谱系动物的这个部分是单腔室或仅部分分开。其他区别适用于大多数但并非所有动物。这两个谱系的动物的口鼻部形状、牙齿形状和数量通常有所不同。大多数类猫谱系动物的鼻子较短，有较大的犬齿和裂齿（增大的前磨牙，适合切割食物），相对它们的体型而言，它们的咬合力通常更强、更有效，因此它们更具掠夺性。类犬谱系动物的鼻子较长、较窄，它们的咬合力较弱，因此它们往往是杂食者。大多数类猫谱系动物是趾行的（用脚趾走路），而大多数类犬谱系动物是跖行的（用扁平足行走），大多数类猫谱系动物的爪子可以缩回，而大多数类犬谱系动物的爪子不能。

除猫科动物外，类猫谱系还包括灵猫、林狸、獴、鬣狗、狐獴等，共约 110 种。除了狗之外，类犬谱系还有鼬鼠及其亲缘种、熊、浣熊及其亲缘种、小熊猫、臭鼬、臭獾、海豹、海狮和海象等，共约 160 种，其中鳍足类（鳍脚超科）有 33 种。

食肉动物似乎处于食物链的顶端，没有天敌，看起来气势惊人。然而，所有的食肉动物只有在周围有足够数量的猎物时才能生存下来。顶级食肉动物的存在表明了其所处栖息地是一个健康的、正常运作的生态系统。

狼、狐狸和其他的野犬

狼可以说是世界上最令人尊重（虽然也令人恐惧）的野生食肉动物之一，它也是种类繁多的家犬的祖先。它属于犬科的犬亚科——这个亚科与狐亚科同属犬科。犬科动物现共有 30 多种，其中 20 种左右属于犬亚科（但令人困惑的是，有些犬亚科动物名称中有“狐”字而非“犬”字）。澳洲野犬是很早就被驯养的犬亚科动物（由来自亚洲的航海家带到澳大利亚）的后代。

狼分布在北半球的大部分地区，成群活动。通过团队合作，狼可以捕获体型很大的哺乳动物，比如驼鹿、野牛和麝牛等。群居生活和合作狩猎也是其他一些犬亚科动物的特征，比如美丽的非洲野犬，它们共同捕猎大型羚羊；南亚的豺，它们成群结队地猎鹿。群猎犬可能会花费数小时，奔跑极长的距离，待耗尽猎物的力气之后再将其猎杀。相比之下，独

上页上图 北极狐鼻子短、耳朵小，这样可以在寒冷的环境中保存热量。

上页下图 作为体型最小的犬科动物之一，耳廓狐广泛分布于非洲北部的干旱或沙漠地区。

右图 即使在同一野狼群中，野狼皮毛的颜色也会有所不同。

居的犬亚科动物，比如郊狼和一些种类的豺，更具机会主义倾向，它们大量食腐。

其他犬亚科动物还包含几个南美洲的物种，包括腿短、外形似猪的薮犬，这是一个群居物种，分布范围非常广泛；身材苗条且腿长的鬃狼，这是一种害羞且独居的杂食动物；还有在南美洲西部发现的山狐。山狐是由火地岛的雅马纳人驯化的，后来进化为一种犬，但是这种犬在 20 世纪早期就灭绝了。

狐狸大多独居或成对生活，但大耳狐（几乎完全以食虫为生）通常长期以家庭为单位生活。这个物种有着非常大的耳朵，这是它和最小的犬科动物之一——耳廓狐所共有的特征。这两个物种都生活在非洲。北半球的狐狸种类相对较少，但其中包括分布极其广泛的赤狐和北极狐。北极狐是少数在北极生活的哺乳动物之一，它们的毛色会经历完全的季节性变化，在冬天变成纯白色。

人类最大的敌人？

各种类型的犬科动物有时会与人类发生冲突，因为它们会攻击牲畜。狼和非洲野犬因此遭受了人类的猎杀，非洲野犬如今已经被列为濒危物种，总数不到7000只，分成近40个独立的亚种，基因混合的机会很少。在几个欧洲国家，狼已经几近灭绝，不过现代社会对它们的态度更宽容，它们的数量正通过自然的或者再引入的方式慢慢恢复。

下图 貉在日本民间传说中占有重要地位。

被驯化的哺乳动物

相比如今地球上数量庞大的野生物种，完全被驯化的哺乳动物物种数量极其有限。然而，经过多代选择育种（以发展和综合特定性状），我们能够培育出有独特形态的特定物种，以适应我们的需要。例如，家犬是从野狼驯化而来的，至少与人类共同生活了14000年，现在世界上有200多个不同种类的家犬，这些家犬在大小和体形上与野生犬种有很大的差异。

狼和亚非野猫分别是最受我们欢迎的两种家养动物——家犬和家猫的祖先。狼最初是为了协助人类狩猎以及抵御其他大型食肉动物而被驯化的，不过，现在家犬有其他许多用途。从理论上讲，家猫有效地完成了自我驯化，它们在被偷吃人类食物储备的啮齿动物所吸引，并受到人类激励后，成了四害之一的控制者。长期以来，兔子常作为肉和皮毛的提供者被饲养，不过，现在它们也成了流行的宠物。

人类还驯化了各种有蹄动物，把它们当作食用肉的来源、

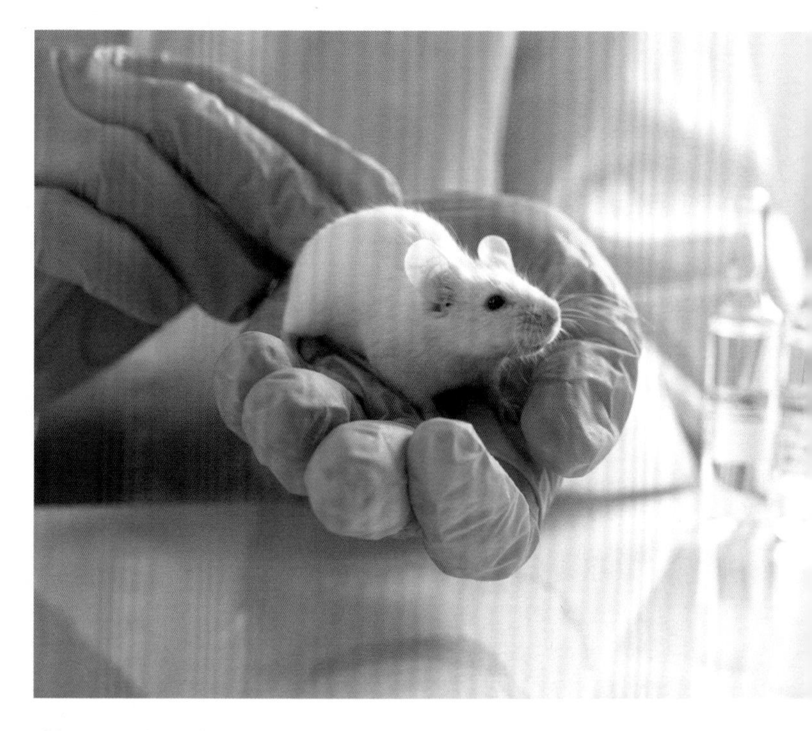

上图 鼠被列为四害之一，但被驯化后，广泛应用于医学领域。

上图 一种温顺的宠物狐狸，它有野生狐狸所没有的灰白色皮毛。它皮毛上的图案与某些家养的猫狗品种非常相似。

被驯化的标志

与其野生祖先相比，家养动物往往体型更小，脑袋更小，下巴更短，牙齿更小，性情更温和，并且显示出某些解剖学上的特征，比如耳朵下垂而不是竖起，尾巴卷曲以及皮毛上带白色图案等。这些特征可能在野生种群和家养种群中自发产生，但由于有意的选择育种，这些特征在家养种群中得以保留。当然，可能还有更多的原因。20世纪晚期，俄罗斯进行了一项狐狸驯化实验，根据一个特定特征（温顺的性格）选择后代个体。几代之后，狐狸变得像家犬一样友好，也开始表现出上述所有的身体特征。这表明在哺乳动物中，控制这一系列特征的基因之间存在一种持久的关系——动物被驯化后出现的特征现在被称为“驯化综合征”。

右图 家猫与亚洲豹纹猫杂交产生了孟加拉猫，一个光彩照人的家猫品种（性格比一般的宠物猫更独立）。

左图 许多族裔都有自己的家养驮畜——大型有蹄动物，它们可以驮着人类或食物，有时同时驮着人类和食物。

驮畜，在某些情况下还当作奶制品和皮毛的来源。如今的家牛带有一些野牛的基因，其中原牛的基因尤为明显，原牛以前遍布欧亚大陆和北非，但如今已经灭绝。两种骆驼（单峰骆驼和双峰骆驼）都已被驯化，而家养绵羊、山羊和猪分别来自原产于欧亚大陆的野生摩弗伦羊、牛黄野山羊和野猪。体型较大的有蹄动物具有潜在的危险性，因此选择性地培育性情温顺的物种非常重要。

尽管世界上许多地方都有野马种群，但是家马的祖先欧洲野马已经灭绝。家养驴是非洲野驴的后代。如今，驴和马被广泛用作坐骑和驮畜，这两种动物在扩增人口和提高耕地使用效率方面发挥了关键作用。其他两种小得多的哺乳动物——大鼠（从褐鼠进化而来）和小鼠（从鼷鼠进化而来）——在科学研究中，特别是在医学领域具有重要用途。

熊

许多孩子是在玩具熊的陪伴下长大的，但是真正的熊是所有陆生食肉动物中体型最大、可能最危险的物种之一，必须引起重视。这些巨型食肉动物大多是杂食动物。北极熊只吃肉，而眼镜熊的饮食中有 90% 以上是植物。世界上现在 8 种熊，它们广泛分布在欧亚大陆和南北美洲，非洲没有熊分布。

熊体格强壮，四肢巨大，尾巴极短。它们看起来相当迟钝和笨重，但在必要的时候可以高速奔跑。有 4 个物种是强壮的攀爬者，它们一生中的大部分时间都在树上觅食。熊很聪明，是机会主义者，体型和力量的优势使得它们几乎没有天敌。懒熊主要分布在印度，主要食虫和食草。尽管它们的嘴巴适合食用大量蚂蚁和白蚁，但它们仍然是一种可怕的动物——即使是老虎也很少冒险攻击它们。

北极熊是世界上现存最大的陆生食肉动物，生活在高纬度的北极地区，主要潜伏在海面浮冰上捕食海豹。它们对这种食物来源和栖息地的依赖，以及长距离游泳的能力，使它们看起来更像海生动物而不是陆生动物。尽管当雌性北极熊怀有幼崽时，它们确实会向内陆移动。北极熊全年都很活跃，但是北半球的其他一些熊会冬眠，并且在冬眠前会囤积大量的脂肪，以使自己在长时间的睡眠中保存体力。栖息于北美

上图 在任何关于气候变化的讨论中，北极熊都可能被提及，因为它们依赖于北极海冰生存。

下图 红鲑鱼洄游到阿拉斯加产卵时，会吸引无数饥饿的灰熊。

下页上图 美洲黑熊和其他体型较小的熊类一样，都是爬树高手。

洲北部的大型棕熊亚种（被称为“灰熊”）每年冬眠长达 7 个月，在冬眠前，其体重几乎翻倍，可达 300 千克以上。

马来熊原产于东南亚，是所有种类的熊中体型最小的，它们大部分时间在树上觅食——用自己的长爪撕开空心的树，以挖出蜂巢和其他食物。与其他种类的亚洲熊一样，马来熊、懒熊和亚洲黑熊由于身体部位可以用于传统医药，长期以来一直是猎人的目标，都被列为濒危物种，面临灭绝的风险。

奇特的熊

大熊猫真奇特。它们的黑白图案和以竹子为食的饮食习惯只是其独有特征的一部分，其他特征还包括它们的“拇指”——一节细长的腕骨，可以作为额外的指头来抓住竹子。新生熊猫幼崽的体型也很娇小——体重只有100克至200克，只有母亲的千分之一左右，这使得它们比其他新生的胎盘动物都要小。野生大熊猫只生活在中国少数偏远的森林地区，为了保护大熊猫，人们采取了自然保护和圈养繁殖等措施。然而，圈养繁殖绝非易事，因为它们的繁殖率低得令人难以置信，而且众所周知，它们不愿在人工圈养条件下交配，不过令人欣慰的是，人工授精技术现在已经成功得到应用。圈养大熊猫历来是中国“最可爱的外交官”之一。

右图 在动物园里，大熊猫总是以它们可爱的外表和古怪的习性吸引着一大群人。

大小型猫科动物

世界上大约有 40 种野生猫科动物。其中，只有 5 种属于豹属——真正的大型猫科动物。这 5 种动物——虎、狮、豹、美洲豹和雪豹，因其致命的力量而闻名，并受人重视。但是所有猫科动物本身就是强大的捕食者，事实上，就它们捕食猎物的体型大小和捕食成功率而言，一些体型较小的物种是更有效的捕食者。

大多数猫科动物都有黄褐色或金黄色的皮毛——有的没有图案，但很多都有美丽的斑点、玫瑰形图案或条纹。伪装对于它们来说很重要，因为它们擅长短时的突然袭击而不是持久的追捕。因此接近不知情的猎物时，无论是以隐藏还是跟踪的方式，伪装都是必要的。最快的陆生哺乳动物是猎豹，它们从站立开始只需要 3 秒就能加速到 96.5 千米 / 时，但是它们必须立刻捕获目标——如果猎物能够躲避追捕 20 秒以上，猎物很可能就会逃脱，因为猎豹的追逐时长一般不会超过 1 分钟。当猫科动物追上猎物时，它们通常会猛咬猎物的脖子以迅速杀死猎物——它们长长的虎牙（尖齿）和结实的下颌适用于这种捕食方式。因为大多数猫科动物的猎物很容易被各种食腐动物偷走，所以能够有效地猎杀是一项必要的技能。然后，它们就可以快速、轻松地将猎物带到更安全的地方——放在掩盖物下或树上。

上图 猎豹的直线速度是无与伦比的，但是如果猎物转弯的速度比猎豹快，猎物就有可能逃脱。

一旦成年，猫科动物基本上是独居的，但狮子营群居生活，群体捕猎，成年雄性猎豹有时也是如此（成年雌性猎豹一般独自行动）。猫科动物生活在各种各样的栖息地中，但老虎大多生活在森林地区。它们的藏身技能和敏锐的感官使得野生动物观察者很难发现它们，但是这些体型较大的动物

黑豹悖论

黑色素沉着症——高于正常数量的黑色素沉着，可以影响任何哺乳动物，但在猫科动物中异常普遍。这种现象在豹和美洲豹身上非常常见，以至于它们的黑色变种拥有自己的名字——黑豹（用于称呼豹和美洲豹中皮毛呈黑色的个体）。在森林深处，黑色的皮毛可以和斑纹一样用于伪装。然而，在强烈的阳光下，我们仍然可以看到黑豹皮毛上隐隐的斑点图案。在一些小型猫科动物中也发现了黑色变种，包括薮猫、细腰猫、金猫和乔氏猫等。

左图 许多皮毛带斑点的猫科动物，不论大小，有时通体呈黑色。像图中这样的黑色美洲豹被称为黑豹。

有时会对人类构成威胁，尤其是在人类侵占了其栖息地的情况下。

除了豹属的大型猫科动物之外，还有其他一些猫科动物物种，包括猞猁和短尾猫（这两个物种腿长、尾巴短，耳朵上的簇毛很长），生活在中美洲和南美洲的豹猫（动作敏捷，尾巴长，有着醒目花纹，擅长爬树），美洲狮和猎豹（它们是彼此的亲缘种，尽管前者生活在美洲，后者生活在非洲），以及猫属的小型猫科动物等。家猫是亚非野猫的后代，如今在世界许多地方都可以找到野生的、自由生活的家猫种群。

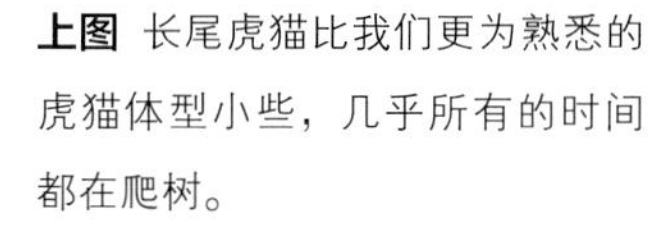

上图 长尾虎猫比我们更为熟悉的虎猫体型小些，几乎所有的时间都在爬树。

左图 沙丘猫是一种与家猫有亲缘关系的小型沙漠物种，分布于北非和南亚。

水下猎手——水獭、海豹和海狮

大多数鼬科动物，包括鼬鼠、白鼬、貂、臭鼬、獾和狼獾等，都是陆地上的猎手。然而，水獭已经适应了在水中捕猎，其中一个物种海獭，实际上是一种海生哺乳动物——雌性水獭甚至在水中分娩，通常将幼崽抱在怀中。海豹和海狮也已经适应在水中生活和捕猎，尽管它们确实需要来到陆地上进行交配和生育。

水域是动物丰富的觅食地，正如我们在本书前面所看到的，大多数动物种群现在和过去都生活在水中。鉴于水域栖息地生态丰富，在陆地上进化的脊椎动物，如爬行动物、鸟类和哺乳动物等中都有一些可以将进化追溯到水生动物的谱系，这也就不足为奇了。

全世界现有 13 种水獭。它们大多生活在河流中或河流周围。它们有非常浓密的毛发、带蹼的爪子以及强韧有力且肌肉发达的尾巴。海獭是其中体型最大的物种，它们的浮力足以让它们不费吹灰之力地仰面漂浮，所以它们很少到陆地上来。海獭以随身携带岩石而闻名，它们潜水觅食时，会用岩石打开捕获的海胆和软体动物。海獭生活在太平洋北部和东部海岸，它们对海胆种群的控制使它们成为海带森林生态系统的关键种（过多的海胆会破坏海带森林）。

上图 有些水獭同样擅长在海洋中捕猎。

下图 “海獭筏子”通常由多达 100 只休息的海獭组成，而且它们往往是同性的。

象牙大师

海象是海豹的亲缘种，以其裸露、褶皱的皮肤和从上颌突出的细长、加厚的上门牙而闻名。这种北极动物的体重可以超过2000千克。雄性海象和雌性海象都有海象牙，用以在海冰上凿洞，海象可以通过这些洞进出水面。雄性海象的海象牙更大，也用于战斗。海象的食物多种多样，包括许多海底软体动物，它们通过使用嘴巴周围丰富的敏感胡须来探测这些软体动物。

左图 海象几乎没有毛发的皮肤下面有一层厚达 15 厘米的脂肪。

海豹的前肢和后肢进化成了可以游动的鳍状肢，这使得它们在陆地上行动笨拙，但在水中却敏捷灵活。它们还可以封闭鼻孔和耳朵以防止水进入，而且它们还有大量的皮下脂肪来使身体保持温暖。海狮和海狗可以把它们的后肢放在身体下面，用后肢来移动，但是海豹却不能，所以海豹在陆地上移动的时候，无法有效地拖动它们的后肢（但是，海豹的游泳效率更高）。

贝加尔湖的贝加尔海豹，是世界上唯一的淡水海豹物种。其他的海豹则主要或完全在海上捕猎。它们会到海滩、岛屿或浮冰上休息，也会在上面交配和生育。通常情况下，雌性海豹分娩后很快就会再次交配，每次孕期都会持续近一年。许多海豹种群占据了非常大的繁殖地，雄性（通常比雌性大得多）通过激烈的竞争来赢得最多的雌性青睐。海豹乳汁包含丰富的脂肪和营养，这意味着海豹幼崽会长得很快。有些幼崽出生时毛茸茸的，直到成年后才会游泳，但有些幼崽出生后不久就会游泳了。

上图 海豹在水下游泳时会关闭鼻孔，利用视觉、听觉和触觉，而不是嗅觉来寻找猎物。

左图 海狮不同于海豹，它们有明显的外耳，而且比海豹更灵活，更擅长杂技表演。

// 告别陆地的物种——鲸豚

在我们探索哺乳动物进化史的过程中，最大的惊喜之一是发现了鲸豚类动物的起源。这些动物（包括鼠海豚、海豚和鲸鱼等）非常适应完全水生的生活。从它们的体形和生活习性来看，它们都更像鱼类，而不像任何现存的哺乳动物，尽管它们像海豹和水獭一样，主要是活跃的、追逐捕食的食肉动物。然而，它们的谱系起源于偶蹄目（由每足的蹄甲数为偶数的有蹄动物组成）。

鲸豚类动物的特征包括没有后肢和腰带，有背鳍，前肢进化为了强健有力的鳍状肢，鼻孔进化为了头顶的气孔，以及有一条水平方向呈扁平状的尾巴，并且尾巴上带有两个尾叶等。它们紧致、光滑、没有毛发的皮肤覆盖着一层厚厚的防水脂肪，柔软的胸腔可以在深水中承受压力，且血液可以携带比陆生哺乳动物更多的氧气。鲸豚类动物的身体结构，如耳朵、乳腺和生殖器官等，没有永久性的外部部分，因此不会破坏它们流线型的身体形状。它们的感官系统适应了水下生活，以及光、声音和化学微粒在水中传播（不同于空气中）的不同方式。大多数鲸豚类动物是高度社会化的，它们也非常聪明，拥有复杂的通信系统。

海豚的智力

海豚以其嬉戏的行为和互相合作的狩猎方式而著称——这两者都是高智商的标志。特别值得一提的是，无论是在圈养环境下还是在野外，人们都对宽吻海豚进行了大量的研究。人们发现它们有能力使用工具，有自我概念，有能力创新，并且对未来事件有所感知。在一个令人印象深刻的创造性思维的例子中，一只被圈养的宽吻海豚在清理了掉入水箱的垃圾后会得到食物奖励，它因此学会了撕碎垃圾，这样它就可以靠每一小片垃圾获得多次奖励。

世界上有约 90 种鲸豚类动物，其中大部分属于齿鲸亚目[包括所有海豚（40 种左右）和鼠海豚（7 种）等]。它们分布于全球各大海洋，而现存的江豚主要栖息于热带和亚热带温暖地区的河口。为了适应温暖、水位较浅、水流湍急

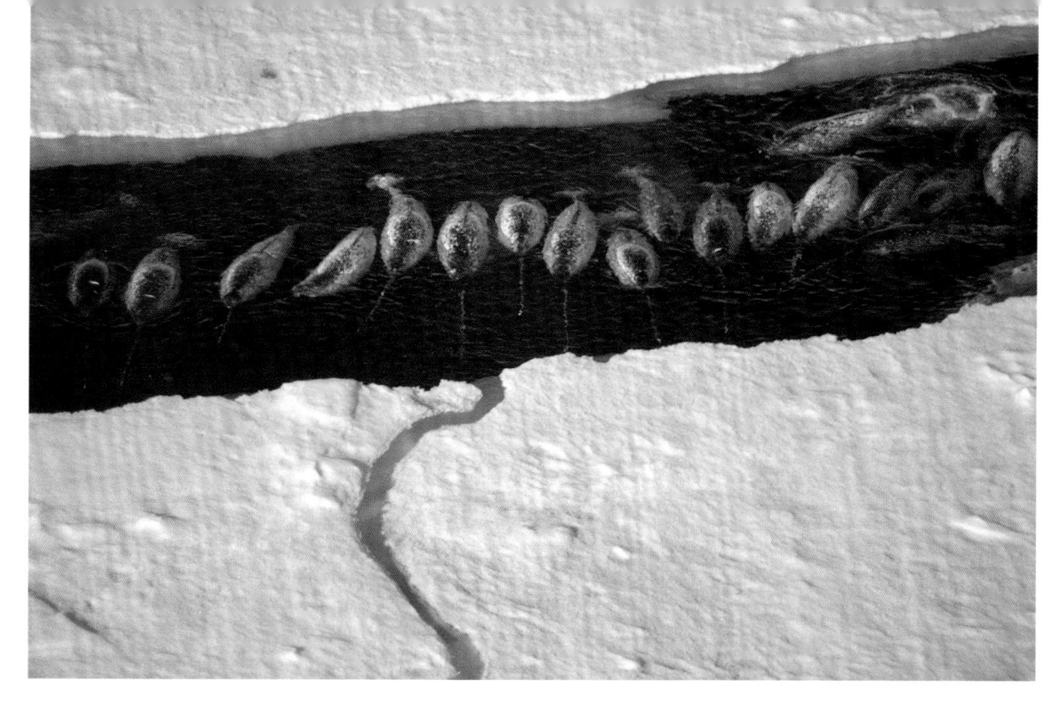

左图 一群独角鲸聚集在冰盖的缝隙里。螺旋状的长牙让独角鲸获得了“海洋独角兽”的绰号。

下方上图 海豚和齿鲸鼓起的额头或者瓜状物起到了声透镜的作用，可聚集其他动物发出的声音。这在白鲸中尤其明显。

且浑浊的环境，江豚的脂肪减少、视力下降，但听力发达，拥有非常长的吻部，并且吻部生有触觉敏感的毛发状小刺。

最大的齿鲸是抹香鲸，重量可超过 50000 千克，可潜入水深超过 2000 米处去捕食诸如大王乌贼的猎物。最小的鲸豚类动物是体重可低于 45 千克的加湾鼠海豚，这是一种仅在加利福尼亚湾北部发现的极其罕见的海豚。齿鲸中还包括非凡的独角鲸，其中雄性独角鲸长得过大的左上尖齿会形成一颗特殊的獠牙（这颗牙齿的用途或功能目前尚未可知），白鲸也是如此。这两个独特的物种都是在北极海域被发现的。

上页图 作为最擅长“杂技”的物种之一，长吻原海豚生活在多达几千个个体形成的群体中，活动范围遍布热带和亚热带海域。

右图 虎鲸不负其名，经常联手捕杀更大的鲸鱼，并捕食海豹和鱼类。

// 巨型鲸

地球上体型最大的动物（不仅是现在，而且是贯穿整个地球进化史）是巨型鲸。这些动物更准确地被称为“须鲸”，因为它们的嘴里有类似于齿梳或鬃毛的鲸须板，在它们吸入和排出大量的海水时，鲸须板可用来捕捉它们赖以生存的小型海洋生物。

地球上有 13 至 15 种须鲸。与齿鲸相比，它们有与众不同的面部外观，且下颌比例非常大。它们的背鳍也比大多数齿鲸的小。体型最小的须鲸是侏露脊鲸，体长约 6 米，最大的是蓝鲸，体长约 30 米。有些须鲸物种的分布范围相当有限，比如灰鲸，它们只出现在北太平洋，但是其他的物种，比如长须鲸，则遍布世界各大海洋。

须鲸以各种各样的海洋动物为食——自由游动的甲壳动物，例如磷虾，是它们非常重要的食物。但它们也吃鱼、鱿鱼，偶尔甚至吃海鸟。正在觅食的长须鲸会张开嘴快速（约

左图 弓头鲸利用其宽大的头部冲破海冰。弓头鲸被认为是寿命最长的哺乳动物，有些个体可以活到 200 岁。

下页下方左图 年龄较大的露脊鲸有明显的胼胝（粗糙、钙化的皮肤斑块），这些斑块是鲸虱和藤壶的聚居地。

上图 搁浅后死亡的鲸鱼为各种体型大小的食腐动物提供了食物。

鲸落

我们经常从新闻中了解到关于身体不适或瘦弱的鲸鱼搁浅的消息。事实上，许多鲸鱼在远离陆地的地方死亡，并沉入深海海底。在海底，它们巨大的身体本身就可能成为一个微型生态系统。它们柔软的身体部位很快就会被食腐动物吃掉，它们富含脂肪的骨骼会被专门的细菌占据，而这些细菌又成为海洋软体动物的食物。在所有有机物被消耗之前，鲸鱼的尸体可以支撑其他生物生存100年或更长时间，而剩余的矿化骨骼结构可以为其他生物提供维持更长时间的栖息地。

17.7 千米 / 时）游向猎物（例如鱼群）集中的地方。在这种“冲刺”般的摄食过程中，它们会吸入多达 70 立方米的水，但之后它们会迫使水从它们几乎闭合的口腔里流出，而剩余的其他物体都会被鲸须板捕获，然后被吞下。

一些沿海社区长期以来一直在进行捕鲸活动。随着这项活动变得更加工业化，它对鲸鱼种群的影响也变得更加严重。北大西洋露脊鲸和北太平洋露脊鲸受到的影响尤其严重，而且两者都已处于濒危状态——现在活着的北太平洋露脊鲸可能不到 250 头，北大西洋露脊鲸也只有大约 400 头。尽管在 1937 年，所有露脊鲸物种都获得了全球保护，以免遭各种形式的捕猎，但情况依然如此，一些非法狩猎活动仍在继续。这些寿命非常长的动物繁殖缓慢，每头雌性最多每 3 年才能产一头幼崽。它们还受到海洋污染的威胁，声呐设备发出的信号也可能会影响它们的自然活动和繁殖。

上图 座头鲸拥有非常长的鳍状肢，会频繁地跃出水面，是最独特的巨型鲸之一。

生态学与生态保护

生态学是研究生物之间和生物与周围环境之间相互关系的学科。我们的星球是一个令人眼花缭乱和充满活力的所有生物共有的家园，包括从山顶到海沟，以及其间的任何地方。然而，随着过去几个世纪人口急剧增长，人类需要重新利用土地以满足自身需求，世界上的野生环境正面临着巨大的压力。

丹佛市周边的骡鹿。平衡人类和野生动物的需求从未像今天这样具有挑战性。

// 什么是生态学

我们将动物界视为单个物种的集合，每个物种都有自己的特征和品质。然而，我们不能完全孤立地了解任何物种，因为每个物种都是更广泛的生物网络的一个功能部分——不仅有植物，还有动物和微生物等。这些相互关联的生物组合，连同它们栖息地的纬度、地形和季节模式，构成了一个生态系统。研究生态系统及其运作方式的科学被称为生态学。

由于其身体的工作方式，动物需要消耗有机物，以便摄取构造细胞和组织所需的蛋白质和脂肪，并为其活动提供能量。这意味着它们是消费者，而只需要阳光和无机物（二氧化碳、水和氮）的绿色植物和其他能进行光合作用的有机体是生产者。消费者可能以植物本身或其他消费者为食，也可能食用任何来源的死亡生物体。没有初级生产者，消费者就不可能存在。这就是在植物物种丰富的地方会发现物种较丰富的动物群落的原因。有些地区的植物数量很少，虽然支持着大量的动物种群，但是动物物种多样性往往很低。地球上的每一个自然环境或生物群落，都有自己独特的生产者和消费者组合。

支持植物生长的土壤是陆地生态系统的重要组成部分。生活在其中的生物将有机物分解成简单的化合物，进行光合作用的植物可以通过它们的根吸收这些化合物。在海洋生态系统中，初级生产者主要是自由漂浮的、可进行光合作用的微生物，但是由于其他微生物消耗了海洋中所有死亡生物体的遗骸，有机物仍然得到了循环利用。通过栖息在陆地和海洋之间的海鸟等动物，营养物质不断地在陆地和海洋之间循环。

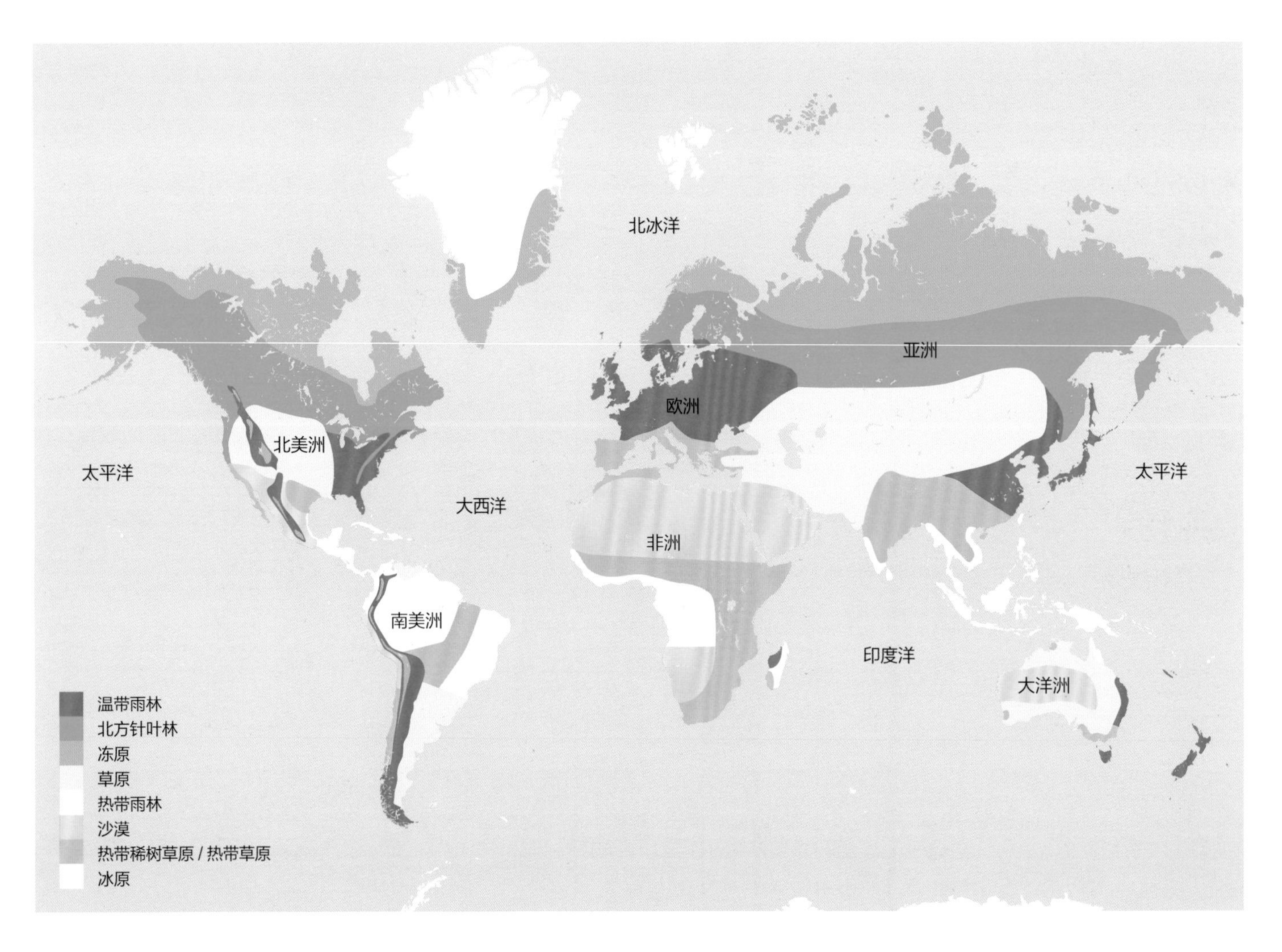

上页图 这张地图显示了地球的生态环境类型。

上图和左图 白隼（上图）和斑林隼（左图）有着亲缘关系相当近的祖先。然而，白隼适应了开阔、多雪的苔原生物系统——它们浓密的白色羽毛提供了温暖和伪装色，而其强壮有力的体格非常适合在开阔的天空中进行快速、持续的飞行。斑林隼在热带雨林中进化——它们具有用于伪装的深色羽毛，短而宽的翅膀是为了在杂乱的环境中灵活飞行。

研究任何野生动物物种都需要了解其生态学。在制订生态保护计划时，这一点至关重要。因为有时，造成一个物种数量减少的原因并非直接原因，而是影响其生态系统中其他物种的问题所带来的连锁反应。例如，由于过度捕猎，伊比利亚猞猁数量有所下降，但这也是因为多发性兔黏液瘤病影响了它们的猎物兔子的数量。即使造成物种减少的原因很简单，而且很容易消除（例如，从一个岛屿生态系统中清除有害的入侵物种），我们仍然必须关注生态系统的状况，因为生态不平衡的时期可能出现许多变化。在规划生态保护工作时，眼界开阔通常是很重要的。对整个生态系统进行有效的保护和支持，也将不可避免地为目标物种带来持久的利益。

生态系统是如何运行的

食物链的概念通常被用来解释生态系统各组成部分的相互关系。例如，灌木生产浆果，老鼠吃浆果，狐狸吃老鼠，形成一个简单的三级食物链。我们将灌木标记为“生产者”，将老鼠标记为“初级消费者”，将狐狸标记为“次级消费者”。如果我们添加一个能够捕猎狐狸的更大的捕食者，比如美洲狮，那么美洲狮就变成了“三级消费者”。

然而，实际上，狐狸也会很乐意吃这些浆果，而且我们越仔细研究，事情就会变得越复杂。正如有杂食动物一样，自然界中也有极端的有特定饮食习惯的动物，例如只吃一种植物叶子的毛虫，以及只在一种毛虫身上产卵的寄生蜂。捕食者与被捕食者的关系并不总是单向的。成年的苍鹰会杀死并吃掉松鼠，但是松鼠也可能会吃掉缺乏看管的苍鹰巢里的蛋。像熊这样的杂食动物同时是初级、次级和三级消费者，它们也食腐。此外，自然界中还有分解各种无生命的有机物的食碎屑动物，以及在一个或多个有生命的宿主体表或体内度过生命周期的寄生虫。线性链无法展示生态系统内部相互关系的复杂，因此我们通常使用食物网代替食物链。

食物网中任何一个物种的消失都会对其他所有物种产生影响，新物种的增加也是如此。例如，如果某种捕食者消失了，这可能会对被捕食物种有利，但也不一定，因为竞争是食物网的另一个要素。如果捕食者 A 和捕食者 B 都捕食猎物 C，但捕食者 B 在捕食特定猎物时更有效，捕食者 A 的消失可能使捕食者 B 变得更多，而猎物 C 最终可能会面临更大的捕食压力。

生态位分离在一定程度上抑制了竞争。这意味着两个不同的物种通常会占据略有不同的生态位。例如，生活在同一草原区域的两种食草哺乳动物可能更喜欢长度略有不同的草或新鲜度略有不同的叶子。一些物种饮食高度专门化，占据狭窄的生态位，但这样做非常有效；而另一些是杂食动物，能够使用更广泛的资源，但效率较低。饮食高度专门化的物种适应能力较差，因此在环境变化时更容易受到影响，它们也比杂食动物更容易受到伤害。一般来说，捕食者物种通常比被捕食者物种更脆弱，因为除非已经有足够多的被捕食者，否则它们无法生存。

左图 麻鹬和滨鹬都是滨鸟，具有弯曲的喙，用于探入泥浆，但是体型相对大很多的麻鹬的探入深度比滨鹬的更深，因此它们不会直接竞争食物。

下页图 一个简化的食物网，由生产者（通过光合作用利用太阳能并从土壤中吸收养分的植物）、初级消费者（以植物为食的动物）、次级消费者（以其他动物为食的动物）和分解者（分解死亡的生物及其排泄物并将养分返回土壤的动物和其他生物）组成。事实上，有些动物的饮食比其他动物的要丰富得多，例如，狐狸几乎什么都吃，不管是活的还是死的。

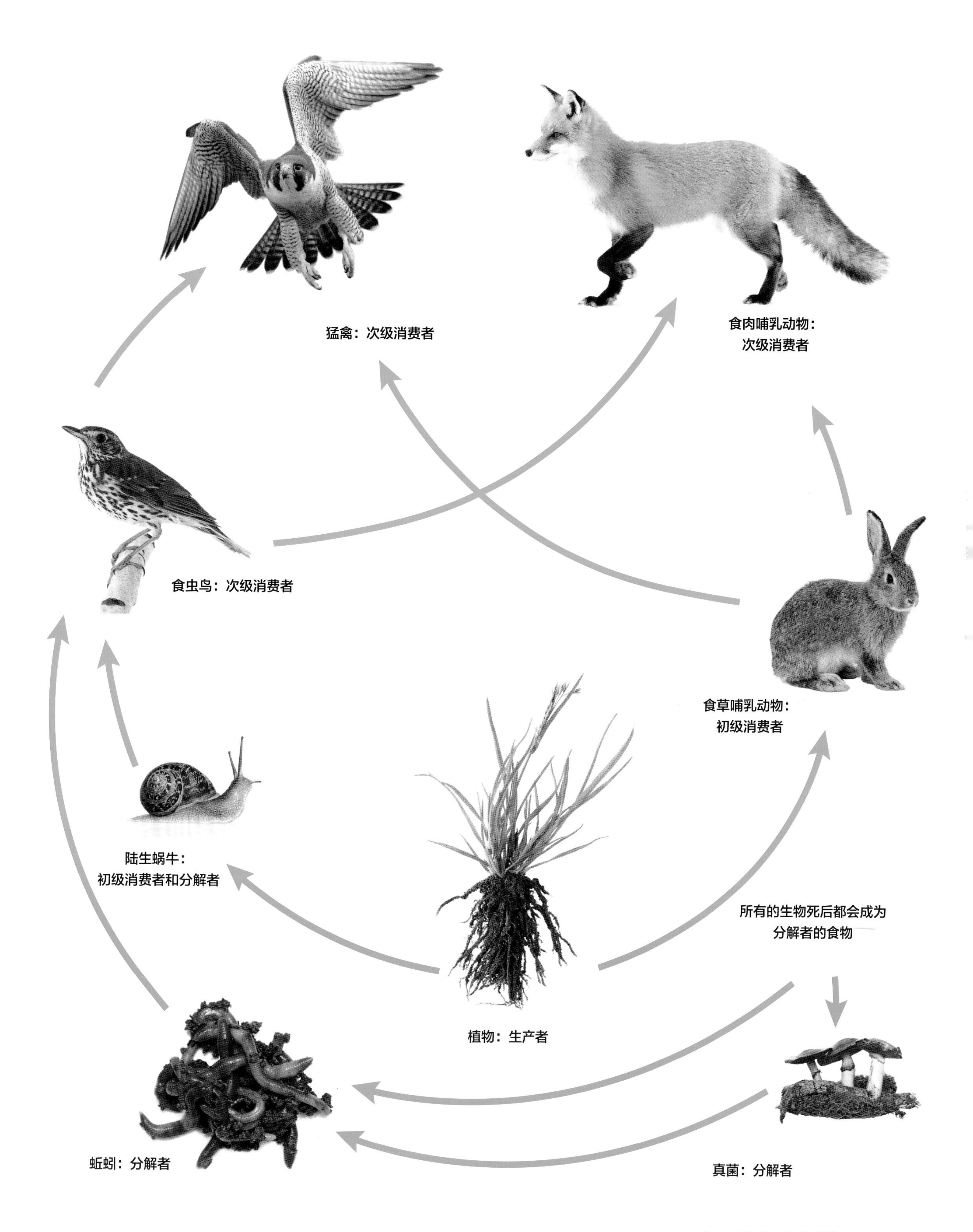
猛禽：次级消费者
食肉哺乳动物：
次级消费者
食虫鸟：次级消费者
食草哺乳动物：
初级消费者
陆生蜗牛：
初级消费者和分解者
所有的生物死后都会成为
分解者的食物
植物：生产者
蚯蚓：分解者
真菌：分解者

// 不同物种之间的关系

正如我们所见，生态系统中的所有物种都直接或间接地相互联系。物种之间的相互关系往往比乍看起来要复杂得多。即使是两个动物个体之间的一次偶遇，也不一定就能带来预期的简单和可预测的结果。两种动物之间最明显的关系是捕食者与被捕食者的关系。许多动物最终会被另一种动物吃掉——即使是陆地和海洋上的顶级食肉动物，如果它们受伤了，或者太老太虚弱，无法保护自己，也可能会成为其他捕食者的食物。相对于饥饿或伤口感染等过程缓慢的致死方式，这可以说是一种“更好”的死法。对同一资源的竞争是种间关系的另一种重要类型。这类竞争并不一定是为了食物，例如，许多林地鸟类在树干的洞穴中筑巢，而这些洞并不总是容易发现，因此可能会引起激烈的竞争。

下页上图 抢别的动物的鱼比自己抓鱼容易，因此偷窃寄生现象在海鸟中很普遍。

下页下图 当一头年老的雄狮不再能够保卫自己在狮群中的地位时，它必须自己照顾自己，也很可能会饿死。

上图 隆头鱼是一种细小的鱼，可以去除其他大鱼身上的寄生虫和坏死的鱼鳞。

右图 一条死去的毛虫被寄生黄蜂的蛹覆盖，蛹在其体内发育成幼虫。

物种之间的其他类型的关系可能是互惠互利的，或者可能有利于其中一种而不会对另一种产生重大影响。许多寄生虫对它们的宿主物种几乎没有伤害，实际上每一个较大的动物个体都是一个小的寄生虫群落的宿主，这些寄生虫生活在动物身体的外部和内部，消耗着从血液到死皮再到动物本身所吃食物的一部分等。寄生虫“希望”其宿主保持良好的健康状态——事实上，有一些证据表明，一定程度的寄生虫负荷实际上对健康有益。

也就是说，不同动物之间真正的合作关系在自然界中并不常见。但小丑鱼和海葵之间的关系是一种真正的合作关系（见第 39 页）。另一个经常被引用的例子是某些体型较小的动物会吃体型较大动物身上的寄生虫和死皮。然而，在某些情况下，这些“清洁工”可能会过量取食，咬开伤口，吸取血液。

拟寄生物会杀死宿主。许多独居的黄蜂和一些种类的苍蝇是拟寄生物。雌性拟寄生物个体将卵产在活的宿主（通常是毛虫）体内或体表后，孵化的幼虫会把宿主杀死。它们还可以控制宿主的行为，例如，使宿主停止摄食，并迁移到合适的地方，以便幼虫化蛹。

群居寄生

如果食物很难找到，为什么不直接从别的动物那里偷呢？如果你花时间观察一群动物摄食，你会注意到大多数动物会毫不犹豫地从其他动物那里抢食物，但对某些物种来说，偷食物是一种生活方式。蝎蛉经常把蜘蛛包裹起来的猎物偷走——一些蜘蛛物种也会这样对待它们的同类。贼鸥与军舰鸟追逐和骚扰其他海鸟，迫使它们投下猎物。这种现象被称为偷窃寄生。另一种寄生形式是巢寄生，即某些动物偷偷地利用其他动物来抚养它们的后代。许多布谷鸟和其他几种鸟类只在其他鸟类的巢中下蛋，并采用一系列策略确保这种诡计不被发现，以及它们自己的后代会被优先喂养。杜鹃蜂把它们的卵产在群居大黄蜂的窝里，在某些情况下甚至杀死大黄蜂蜂后并取而代之。

动物行为

所有种类的动物在生活中都有两个简单的目标：在健康的环境中生存和拥有健康的后代。人们常说，动物的行为受到“自私的基因”的无意识指导，这种“自私的基因”只是想尽可能长时间地代代相传。总的来说，动物的行为以相当明显的方式促进了这些目标的实现。当我们观察某些动物的日常生活时，我们会看到它们寻找食物、休息、躲避捕食者、照顾自己的身体，以及（在有性繁殖物种中）与异性互动。我们可能会看到它们抚养幼崽，这可能是一项非常漫长的活动，或许我们还可能会看到它们大量繁殖幼崽，以至于几乎可以肯定的是，至少会有一些幼崽存活下来。

当然，随着动物本身日益复杂，动物的行为也变得越来越复杂。我们可以观察到某些动物会表现出创新的、深思熟虑的行为以及极其复杂的求偶行为，有时还会看到它们表现出一些明显令人困惑的行为，比如自我牺牲或杀死幼崽，这在表面上来看违背了基因指令。

上图 雄性亭鸟建造和装饰“凉亭”是它们求偶行为的一部分。这个凉亭除此之外没有其他用途，但是目前还不清楚雌性亭鸟是否“要求”它们的同类做出这种精心的安排。

下图 雄性凤尾绿咬鹃过长的尾巴可能会妨碍它飞行，但它应对这种“障碍”的能力向雌性证明了它是多么强壮。

左图 工具的使用在动物界并不常见。这只啄木鸟正在用仙人掌的刺从缝隙中寻找昆虫幼虫。

中部图 雄性雀鲷会与几只雌性雀鲷交配并保护受精卵，但也会吃掉一些卵，这种行为被称为“亲子相食”。

下图 在无脊椎动物中，长期的亲代抚育很少见，但在某些昆虫群体中，包括蠼螋和蟑螂，雌性成虫确实会保护和抚育它们的后代。

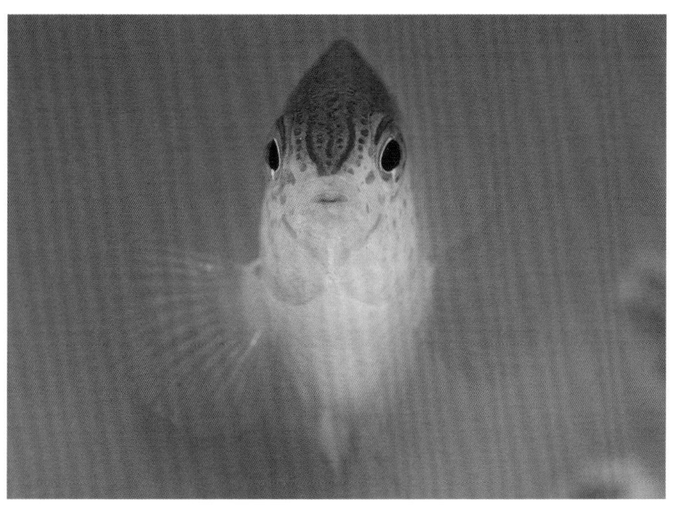

当一头雄狮接管狮群时，它会杀死幼崽，因为这些幼崽不是它的后代，杀死它们意味着雌狮很快就会准备好再次交配。这对雌狮来说是不利的，但是它们需要尽可能强壮的雄狮保护狮群，以便再次繁衍后代，并且需要让其他雄狮远离它们，所以它们容忍了。但是当动物杀死自己的后代时会如何呢？会出现“消减窝雏数”现象。当一只雌鸟杀死一只或多只较弱的幼鸟时，这看起来很残酷，但在资源匮乏的情况下，它可以帮助最强壮的幼鸟提高存活概率。亲代父母也会为了保护自己的后代而拼死搏斗，但前提是其后代能够独立生存——否则，牺牲将是毫无意义的，这时，允许后代被杀死，以便为新的繁殖节省体力对它们来说会更好。

性选择

生存的最佳属性不一定是吸引潜在伴侣的最佳属性。蓝孔雀就是一个非常典型的例子。雄性蓝孔雀向雌性蓝孔雀展示自己时，会竖起自己巨大的、闪闪发光的细长尾羽扇，而雌性蓝孔雀会选择羽毛最好、精力最充沛的雄性蓝孔雀进行交配。因此，这只被优先选择的雄性蓝孔雀可能会有最多的后代。然而，当为了躲避跳跃的老虎而需要迅速起飞时，那一大扇羽毛并不能加快它的逃跑速度。长出羽毛本身就是对身体资源的巨大消耗，也是对生存的挑战。这个悖论可以用“累赘原则”来解释。雄性蓝孔雀的羽毛是它健康和具有活力的“真实信号”，因为尽管有这些障碍，它依然能够生存并表现得很好。因此，它是一个很好的配偶选择——它的后代将继承它强大的基因，它的雄性后代也将继承它的魅力。

// 当今动物面临的威胁

自然事件仍然是动物数量减少和灭绝的一个原因，而且情况将永远如此。例如，20 世纪 90 年代蒙特塞拉特岛上的火山活动几乎摧毁了蒙特塞拉特岛拟鹂，这是一种只生活在这座岛上的色彩斑斓的鸣禽。然而，当今大多数濒临灭绝的动物物种之所以处于如此危险的境地，是因为人类的活动，而不是自然事件。

其中最大的问题是人类活动对栖息地的破坏或造成的栖息地退化。有时候，野生动植物的栖息地会被直接破坏，例如，森林被砍伐或者湿地被抽干，取而代之的是耕地或者混凝土。在其他情况下，破坏是偶然发生的（尽管同样具有破坏性），例如海底珊瑚礁（以及其他固着在海底的无脊椎动物）被捕鱼船队的底拖网撕碎。

故意杀害动物是近年许多备受瞩目的物种数量减少和灭绝的主要原因之一。已经灭绝的旅鸽曾经是世界上数量最多的鸟类之一，由于被大量猎杀，在短短的 50 年间，它的数量从数十亿只下降到辛辛那提动物园中仅存的几只。旅鸽已经适应了集群筑巢，所以在它的数量减少到这个水平之前，它的命运就已经注定了。尽管受到保护，但老虎和犀牛因被偷猎而灾难性地减少了，因为传统医学对它们身体药用部分的需求仍然很大。在历史上，巨型鲸在很大程度上被过度捕杀，某些海生鱼类也是如此。在一些地区，许多不同种类的野生动物作为食物（野味）被捕猎，而其他一些动物仅仅因为身体的某些部分可用作装饰品而被捕杀，例如美丽的螺旋状鹦鹉螺。

上图 海洋环境中的塑料对动物来说是一个大问题。例如，海龟把漂流的塑料袋误认为可食用的水母。

上图 欧洲斑鸠的数量正在迅速减少，但在一些地中海沿岸国家它们仍然被合法捕杀。

污染在陆地上是一个严重的问题，在海洋中更是如此。特别是，海洋中大量的塑料正在杀死鲨鱼、海龟、信天翁和鲸鱼等动物。这些动物的饮食习惯使它们很难避免摄入悬浮在水中的塑料，一旦摄入，这些塑料会滞留在它们的消化道中，最终导致它们死亡。

左图 森林砍伐不仅破坏了树木，而且对大量的其他生物造成了伤害。体型较大、迁徙能力较强的动物可能会暂时逃离，但森林覆盖面积的减少不可避免地意味着周围动物的减少。

1850—2019年全球温度异常值

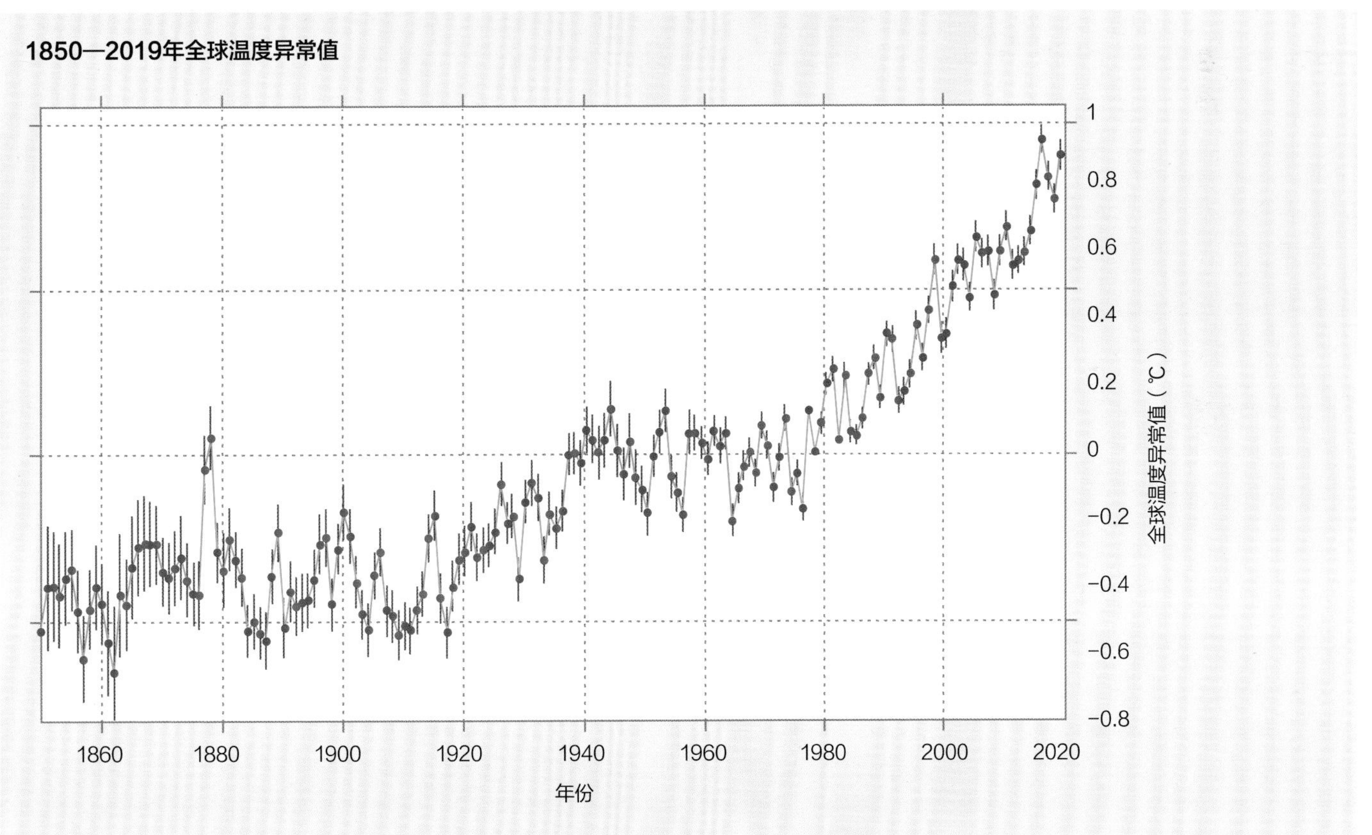

气候变化

地球气候一直在不断变化。地质学和古生物学研究表明，在过去的25亿年里，地球至少经历了5个主要的冰期，其间还有相对温暖的间冰期。这一事实有时被用来证明人为造成的影响当今世界的非常迅速的气候变化不值得关注（甚至根本不是人为引起的）。然而，科学家一致认为我们的工业化活动是要负责任的。根据美国国家海洋大气局发布的2019年全球气候报告，从1880年到1980年，全球气温平均每10年上升0.07 ℃。自1981年以来，平均增长率已超过这个数字的两倍。气候变化的后果包括海平面上升、沙漠化加剧、极地海冰范围缩小，以及天气模式的改变等。所有这些都会影响人类和其他动物，如果这种变化持续下去，对地球上所有生命来说，后果都将是灾难性的。

//灭绝

当一个物种的最后一个活着的个体死亡时，灭绝就发生了。就野生动物来说，我们不可能百分之百地肯定某一物种已经灭绝，因为可能存在一个未被发现的种群，例如，发现隐藏的恐龙种群是许多科幻小说的主题，也是许多古生物学家的梦想。然而，我们通常可以排除所有有关一个物种已经永远消失的合理怀疑。如果一个物种的幸存个体不可能再建立一个可存活的种群（例如，如果它们都是同一性别），那么这个物种也可能被宣布“功能性灭绝”。

下图 2002 年，一只人工饲养的白鱀豚“淇淇”去世。它是已知的最后一只白鱀豚。

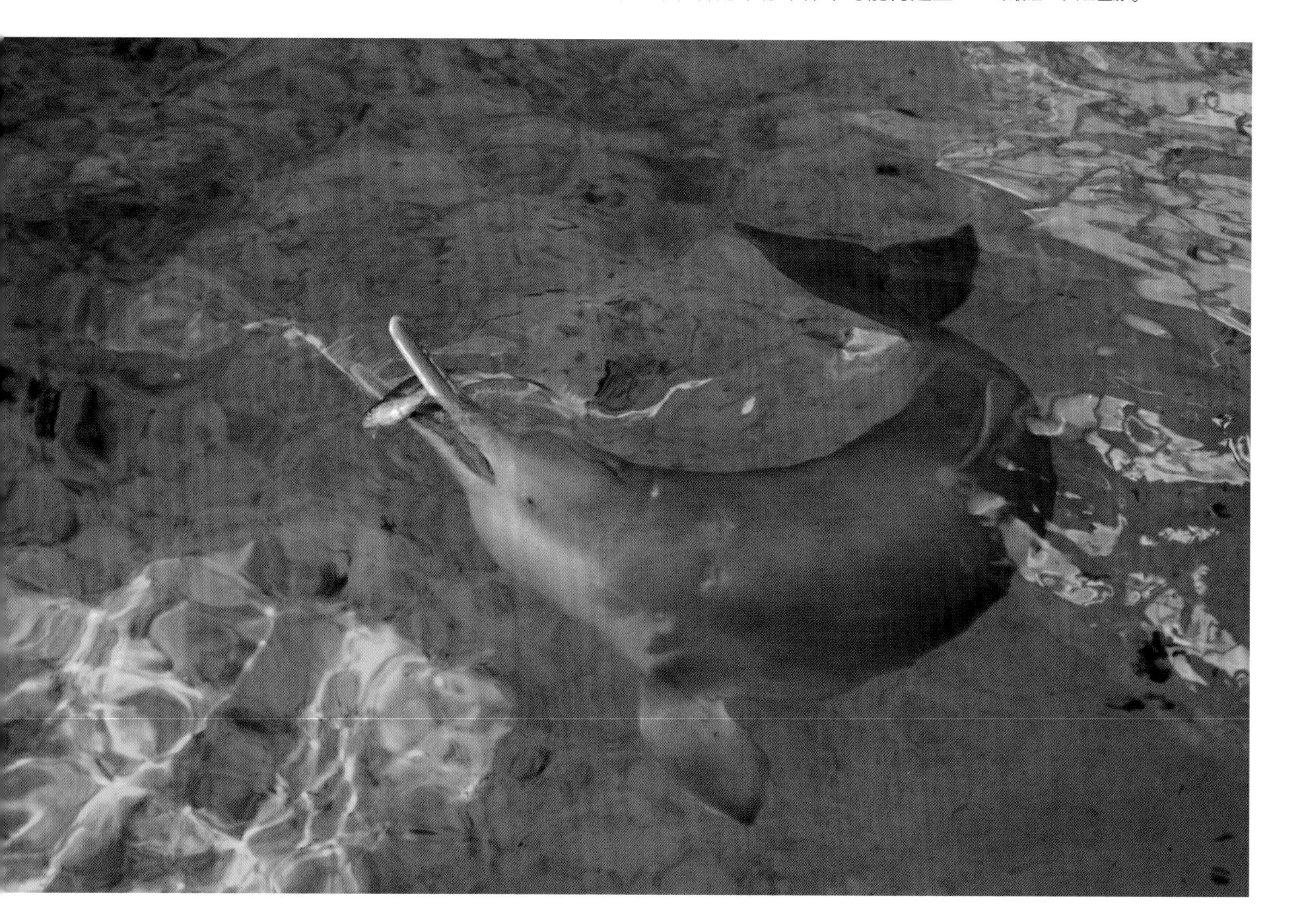

灭绝是生命的一部分，也是进化的一部分。绝大多数在进化过程中被淘汰的物种现在都灭绝了，例如，任何哺乳动物物种的存在时间超过 100 万年都是不寻常的。了解来自不同类群的物种的平均寿命，我们就可以计算出它们的背景灭绝率，并将其与实际灭绝率进行比较，然后我们就可以知道我们是否正在以预期的速度失去某些物种。对于哺乳动物来说，背景灭绝率是每 200 年有一个物种消失。然而，自 1600 年以来，我们已经失去了近 90 种哺乳动物，而不是预期的 2 种。我们在其他动物群体中也发现了类似的差异。在背景灭绝率下，我们本应该需要 10000 年的时间才会失去自 1900 年以来灭绝的两栖动物物种的种数。

在一个物种完全灭绝之前，它可能会先“野外灭绝”——在所有野生个体都消失之后，人工饲养的种群可能仍然存在。斯皮克斯金刚鹦鹉的情况就是如此，它是一种蓝色的鹦鹉，

左图 吉氏鼠袋鼠，一种类似袋鼠的小型澳大利亚有袋类动物，于1994 年被重新发现——在此之前它被认为已经在至少 20 年前灭绝了。

常作为宠物被饲养，因为最后的野生个体被捕获用于宠物交易，2000 年它被宣布野外灭绝，当时仍有几十只被圈养。到 2020 年，被圈养的个体数量已增加到 150 多只，不久的将来这些人工饲养的个体可能会被放归野外。

局部灭绝，即一种动物从一个国家或地区消失也会发生，例如，狼、猞猁和棕熊几百年前都已经在不列颠群岛上灭绝了，而且种群再也无法自行恢复。然而，由于这些物种仍在世界其他地方生存，我们通常用“局部灭绝”而不是“灭绝”来描述这种状况。

重新进化?

我们认为物种灭绝是永久性的，因为进化的随机性意味着一个物种不可能以同样的形式重新进化，即使它的祖先仍然存活。然而，科学家最近发现了一个显著的重新进化的案例。位于印度洋的阿尔达布拉环礁，几千年来已经被完全淹没了好几次，最近的一次是在13.6万年前。化石证据表明，当时在阿尔达布拉环礁上生活着一只不会飞的田鸡。一般来说，它不可能会在环礁消失后幸存下来。然而，如今那里有一只与化石田鸡几乎完全相同的不能飞行的田鸡。这两种田鸡都是一种可飞行物种，白喉秧鸡（从附近其他岛屿移居到阿尔达布拉环礁）的后代。

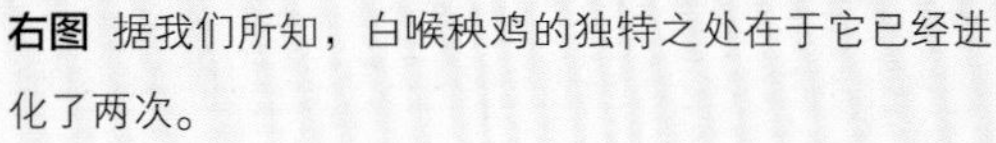

右图 据我们所知，白喉秧鸡的独特之处在于它已经进化了两次。

// 野生动物及其栖息地保护——原则

动物灭绝并非不可避免。即使在最糟糕的情况下，我们通常也可以采取一些行动来拯救动物物种。保护措施的目的是将物种从濒临灭绝的边缘拯救回来，同时，不那么引人注目但可以说更重要的是，阻止所有物种的减少（包括那些仍然常见的物种以及稀有的物种），以及保护、管理和修复所有生物的栖息地。

如果一种动物明显面临灭绝的危险，规划保护行动的第一阶段就应包括开展调查以准确评估其数量和分布，对其生态进行研究，并弄清目前其面临怎样的生存威胁或威胁的性质。这有时是一项简单的任务。例如，当一只海鸟在一座孤岛上筑巢时，我们通常很容易统计其繁殖数量，并监测数量是上升还是下降，以及幼鸟的生存情况。如果很明显，这只鸟受到了一群外来老鼠的威胁，例如，老鼠捕食了鸟蛋或幼

得与失

今天看来，地球上的每一个区域都可被绘制成地图并记录在案，但事实上，我们每年都在发现新的物种，包括鸟类、哺乳动物以及小型的无脊椎动物等。最近全球物种名单上最引人注目的新物种之一是蓝眼斑袋貂，它是一种栖息在树上的有袋类动物，是研究人员于21世纪初在调查印度尼西亚西巴布亚附近的两座小岛时发现的。它和其他大多数新发现的物种一样，在被发现后不久就被归类为极危物种，因为人们认为它的种群数量极有可能很少。它的家园正受到森林砍伐的威胁，在科学家形成对其种群、生态和保护需求的任何有意义的认知之前，它很有可能会灭绝。

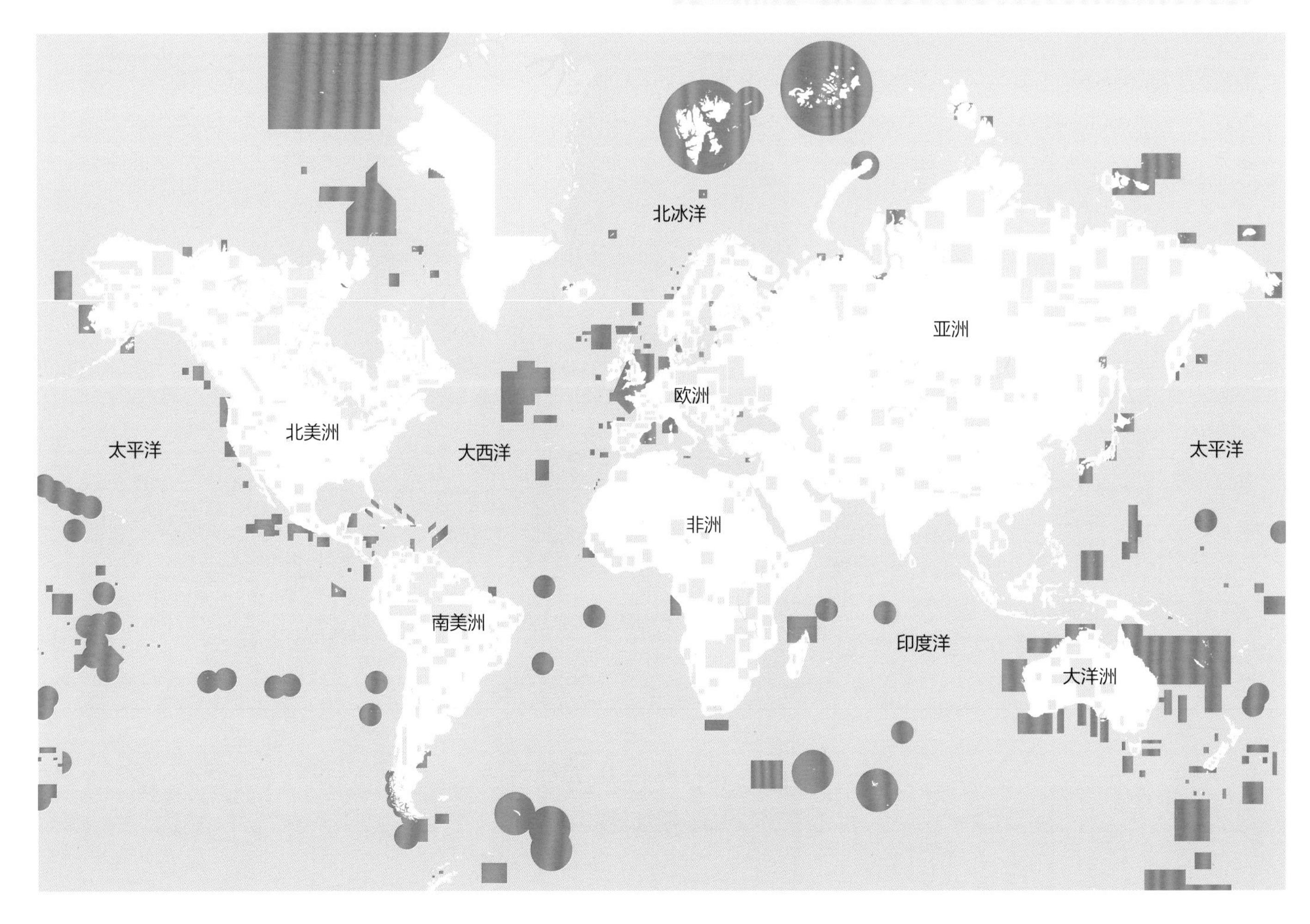

鸟，那么解决办法就是清除这些老鼠。如果没有受到其他威胁，那么之后鸟群数量应该会恢复。然而，许多稀有物种极难发现和统计，而且它们面临的威胁是多重且复杂多样的。

如果一个重要的物种在苦苦挣扎，那么很可能同属于同一生态系统的其他许多物种也陷入了困境。因此，在任何保护方案中，栖息地保护都是重中之重。这通常意味着建立合法的保护区（如自然保护区、国家公园或野生动物保护区），禁止开发、狩猎和其他具有潜在破坏性的活动。根据当地情况，保护区可能需要由护林员巡逻，以强制实施法律保护。

其他一般性保护措施包括开展反对破坏性发展和实践的运动，开展社区教育和鼓励生态旅游，以及广泛提高公众意识和筹集资金等。有时，圈养繁殖被用来拯救一个特定的物种，其长期目标是将该物种再引入其自然栖息地，或者在另一个更安全的地方建立新的种群。这些努力需要详细的计划和大量的时间，而且往往是可以成功的。然而，有些动物并不适合人工饲养，这时我们就需要考虑其他选择。

上图 梅尔维尔角叶尾壁虎是澳大利亚北部梅尔维尔角梅尔维尔山脉的特有物种，直到 2013 年才被科学家发现。

上页图 世界上现在受到法律保护的栖息地所在地区。粉红色区域是岛屿或海底；绿色区域是国家公园、野生动物保护区或自然保护区。

右图 在成功地根除了英国西海岸附近的兰迪岛上的大鼠后，该岛又被大西洋鹱占领。

// 野生动物及其栖息地保护——成功案例

1976 年，自然资源保护者捕获了全球所有的查岛鸲鹟，并将它们从小芒厄雷岛迁移到了芒厄雷岛，建立了一个新的适合这种鸟的栖息地。它们受到密切监视，唯一成功繁殖的一对查岛鸲鹟产下的蛋被从巢中取出，并由一个近缘种进行交叉培育，以鼓励它们更快地产下另一窝蛋。如今，大约有 250 只查岛鸲鹟存活，它们都是这一对查岛鸲鹟的后代，并且一个亚种群已经被引入第二座岛屿，以增加这个物种长期存活的机会。

这个著名的故事说明自然资源保护者可以取得重大成就，只要他们有意愿、资源和想象力以及一点好运气。还有许多关于物种从濒临灭绝的边缘被成功拯救的其他类似的故事，通常涉及对繁殖过程的某种程度的干预。它们包括罗德里格斯果蝠、加利福尼亚秃鹰、巴拿马金蛙和金狮面狨（生活于南美洲的一种小猴）。

通过严格的法律保护，人们也取得了其他成功。由于过度捕捞，南大西洋的座头鲸数量在 20 世纪 50 年代跌至 500 头以下，但自从 1986 年全面禁止商业捕鲸以来，其数量已经恢复到 25000 头左右。在南美洲南部，受智利、阿

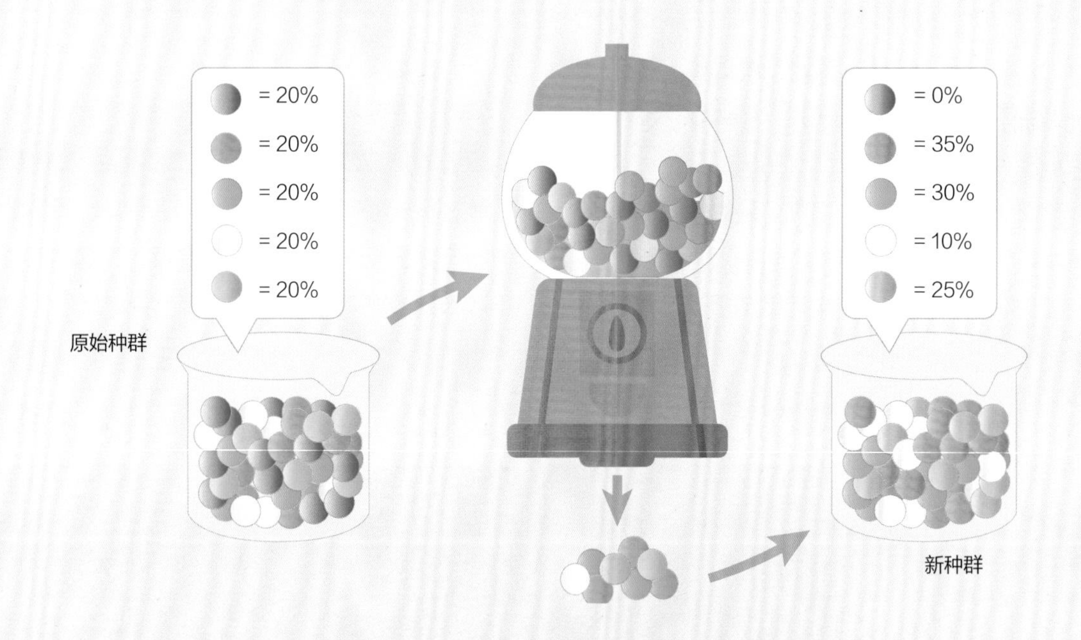

上图 这个图使用彩色球来表示遗传变异，并显示了如何通过种群瓶颈永久性地从动物种群中消除一些遗传变异，即使该种群恢复到以前的规模。

瓶颈

当一个物种减少到仅剩一个极小的残余种群时，它仍然可能免于灭绝，但它将以基因多样性急剧减少的形式，把残余种群带到未来。这使得整个种群面临更高的风险，因为物种的基因组合可以决定其应对疾病的能力。此外，有害的基因突变更有可能集中在高度近亲繁殖的种群中。通过观察当今动物个体的基因，我们可以确定基因瓶颈是否曾经影响过相关物种。例如，由于两次瓶颈事件（第一次瓶颈事件发生在10万年前，第二次瓶颈事件发生在12000年前），猎豹的遗传多样性变得极低。当圈养濒临灭绝的动物时，我们现在可以（并且强烈推荐）比较基因组并选择亲缘关系最远的个体进行配对。

根廷和乌拉圭管辖的近 10% 的海洋和沿海地区现在作为海洋保护区受到保护，采矿、疏浚和捕鱼受到严格管制或被完全禁止。

再引入并不一定涉及全球濒危物种。只要解决了造成物种消失的问题，将任何物种送回它曾经生活过的地区往往都可能成功。另外，这可能还会带来一系列意想不到的额外好处。例如，在北美洲，1995 年灰狼被再引入美国黄石国家公园，之后它们捕食了很多公园里的麋鹿，这带来了一连串的生态效益，如增加了物种的多样性，使许多稀有植物和湿地鸟类的数量得以恢复等。通过这项工作，我们看到越来越多的证据表明了保护和促进生物多样性，以及帮助个别受到威胁的物种的价值。

上方左图 圈养繁殖和再引入使夏威夷鹅免于灭绝。

上方右图 由于历史上的种群瓶颈事件，猎豹的遗传变异性变得非常低。一种生存至今的变种是斑纹似虎的王猎豹。

下图 自从狼被再引入之后，美国黄石国家公园里的野牛和麋鹿等大型食草哺乳动物的平衡状况得到了显著改善。

// 动物的未来

我们所知道的所有生物的诞生地——地球，正越来越不利于生物生存。作为其中一个物种，人类之所以能取得如此惊人的成功，主要归功于我们以越来越复杂的方式为自己收集资源的能力。我们过去常常以打猎和采集为生，但现在我们也可以耕种和养殖，而且效率越来越高（这意味着我们可能会将其他生物驱逐出我们种植庄稼或饲养牲畜的土地）。我们曾经建造简单的庇护所或使用天然庇护所，但现在，我们可以通过采石和混合水泥建造我们想要的任何结构体。多亏了各种机械，地球上几乎没有什么地方是遥不可及的——我们可以在苔原上采矿，疏浚海床并猎杀难觅踪迹的动物，以获得我们想要的东西。因此，世界人口大幅增加，而我们和我们的牲畜的生物量占地球上所有动物生物量的 96% 左右。

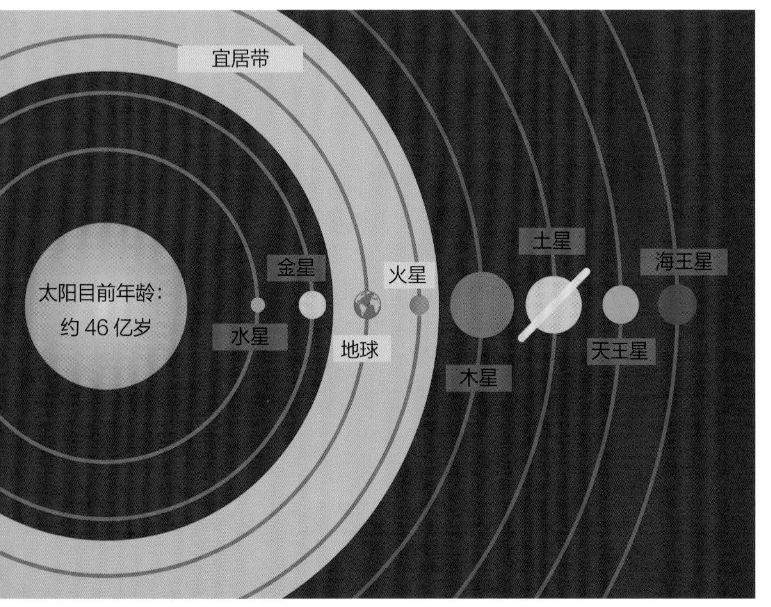

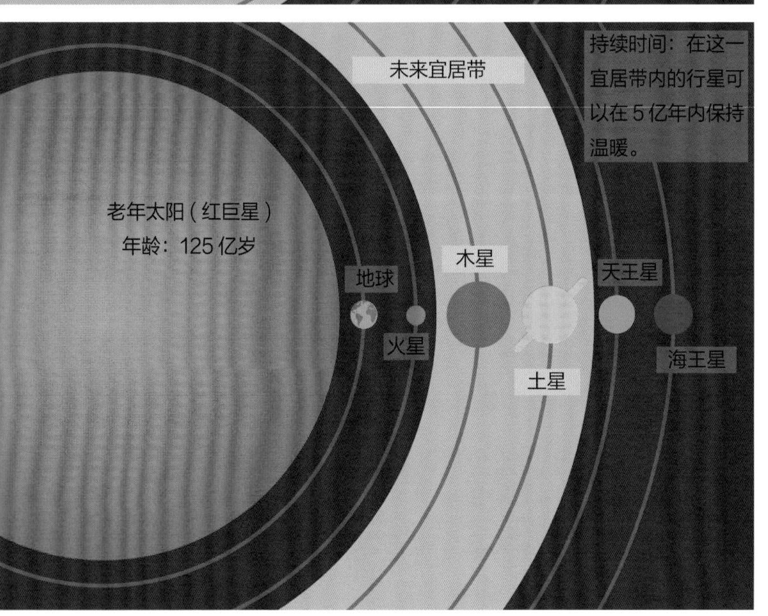

上图 随着太阳老化，地球将变得极热，无法支持生命生存。据我们所知，不论温度如何，气态巨行星都不适合生命生存，尽管它们的一些岩质卫星可能并非如此。

上图 种植着本地物种或有用作物的绿色屋顶为建筑环境提供了一种回归自然的方式。

就像其他所有动物一样，人类在地球上进化，并且受到相同驱动力的驱使。我们也可以观察地球发生了什么变化，并预测未来会发生什么变化。我们正处于由我们自己的行为造成的大灭绝事件带来的痛苦之中，只有所有国家共同采取行动才能扭转这一局面。不过，我们是否会达成实现这一目标的集体意愿，需拭目以待。我们人格里的自然冲动使我们将短期需求置于长期努力之上。具有讽刺意味的是，我们必须超越我们自己的动物本性，并长期投入生物多样性的重建。

在接下来的几十年里，无论人类能做什么，不能做什么，几乎可以肯定的是，会有更多的动物物种消失，但也有其他一些物种会繁荣起来。最具适应力的物种不仅会存活下来，而且

上方左图 农田可以成为野生动物的天堂，又或者比沙漠好不了多少，这取决于它的开垦和管理方式。

拯救野生动物，拯救我们自己？

人类经常推测可能发生的什么事件会终结人类。一个强有力的竞争者是流行病——可能会在全球传播并难以治疗的致命疾病。2019年，确实发生了一场疾病大流行，在本书的撰写阶段，我们仍在与之作斗争。世界各国政府都限制人类活动以试图阻止疾病传播，这种做法还带来了一些额外的环境效益，例如大大减少了空气污染。随着新型冠状病毒的出现，也许整个人类都会对动物、自然和我们共同拥有的环境更加敬畏。

可能会比我们活得更久。与此同时，进化的自然过程将继续——即使其他物种灭绝，新物种也将在进化中出现。不管我们的后代能否看到，这个星球很可能在未来数百万年内都是动物生命的家园。从现在开始的 40 亿年后，不断膨胀的太阳将会毁灭地球上最后的生物。然而，据估计，仅仅在我们的银河系中，就有 60 亿颗类似地球的，潜在的可维持生命的行星，只要宇宙存在，动物或与动物非常相似的东西就极有可能在宇宙中生存下去。

上方右图 城镇确实为少数有胆量的动物提供了家园。 在英格兰，赤狐在郊区繁衍生息。

左图 人类可能会在环境中留下自己的印记，但大自然最终会收回我们可以建造的任何东西。

延伸阅读

The Marine World: A Natural History of Ocean Life by Frances Dipper, Wild Nature Press, Plymouth, 2016.

Life on Earth by David Attenborough, William Collins, London, 2018.

Last Chance to See by Douglas Adams and Mark Carwardine, Arrow, London, 2009.

The Origin of Species by Charles Darwin, Arcturus, London, 2012.

The Natural History of Selborne by Gilbert White, Penguin, London, 1977.

Other Minds: The Octopus and the Evolution of Intelligent Life by Peter Godfrey-Smith, William Collins, London, 2018.

The Genius of Birds by Jennifer Ackerman, Corsair, London, 2017.

A Buzz in the Meadow by Dave Goulson, Vintage, London, 2015.

The Diversity of Life by Edward O. Wilson, Penguin, London, 2001.

Animal: Exploring the Zoological World by James Hanken et al, Phaidon, London, 2018.

Endless Forms Most Beautiful: The New Science of Evo Devo and the Making of the Animal Kingdom by Sean B Carroll, Quercus, London, 2011.

How to Build a Habitable Planet: The Story of Earth from the Big Bang to Humankind by Charles Langmuir and Wally Broecker, Princeton, 2012.

A Perfect Planet by Huw Cordey , BBC Books, London, 2020.

Handbook of the Mammals of the World (multiple volumes), ed Don E. Wilson, Russel A. Mittermeier, et al., Lynx edicions, Barcelona, 2009–2019.

图片来源

Axiom Maps

40, 103, 172, 180, 184

Nature Picture Library

8 Tui De Roy, 11 left Charlie Summers, 16 Thomas Rabeil, 20 Sinclair Stammers, 22 top David Shale, below Visuals Unlimited, 37 top Magnus Lundgren, 41 below right Brandon Cole, 43 below Constantinos Petrinos, 57 below Ingo Arndt, 61 below Paul Bertner, 63 top Melvin Grey, 72 Paul Hobson, 76 Wild Wonders of Europe/Lundgren, 83 top right Visuals Unlimited, below Solvin Zankl, 87 centre Daniel Heuclin, 94 below John Cancalosi, 102 left John Cancalosi, 103 top Julian Hume, 105 below Tim Laman, 107 below right Konrad Wothe, 111 below Klein & Hubert, 113 below left Andrew Parkinson, 114 top Baerbel Franzke/ BIA, below Ron Bielefeld, 116 left David Tipling, below right Marie Read, 122 top Dave Watts, below Doug Gimesy, 123 below right D. Parer & E. Parer-Cook, 127 top Stephen Downer/John Downer P, 130 centre right Roland Seitre, 131 Michael Pitts, 143 Nick Garbutt, 147 Anup Shah, 149 Richard Du Toit, 155 Michael Durham, 157 Nick Garbutt, 163 Klein & Hubert, 167 centre Doc White, 167 top Flip Nicklin, 168 Tony Wu, 169 top Steven Kazlowski, below right Bertie Gregory, 170 Shattil & Rozinski, 173 below Melvin Grey, 174 Loic Poidevin, 177 below Sergey Gorshkov, 179 top D. Parer & E. Parer-Cook, 179 centre Alex Mustard, below KimTaylor, 182 Roland Seitre, 183 below right Pete Oxford, 185 top Tim Laman

Shutterstock

11, 12, 13, 14, 15, 17, 18, 19, 21, 24, 25, 26, 27, 29, 30, 32, 33, 34, 35, 36, 37, 38, 39, 40, 41, 42, 43, 44, 45, 46, 47, 48, 49, 50, 51, 52, 53, 54, 55, 56, 57, 58, 58, 59, 60, 61, 62, 62, 63, 64, 65, 65, 66, 66, 67, 68, 69, 70, 71, 74, 75, 78, 79, 80, 81, 83, 84, 85, 86, 87, 88, 89, 90, 91, 92, 93, 94, 95, 96, 97, 98, 99, 100, 101, 102, 103, 104, 105, 107, 108, 109, 110, 111, 112, 113, 115, 117, 118, 120, 121, 123, 124, 125, 126, 128, 129, 130, 131, 132, 133, 134, 135, 136, 137, 138, 139, 140, 141, 142, 143, 144, 145, 146, 147, 148, 149, 150, 151, 152, 153, 154, 155, 156, 157, 158, 159, 160, 161, 162, 163, 164, 165, 166, 167, 168, 169, 173, 176, 177, 178, 180, 181, 183, 185, 186, 187, 187, 188, 189

Victor McLindon

17 below, 34 top, 34 top, 36 top, 39 top, 42 top, 44 below, 46 , 48 top, 50 top, 52 top, 74 top, 80 , 96 top, 104 top, 106 , 116 top, 120 below